Harry Mulisch

Das sexuelle Bollwerk

Sinn und Wahnsinn
von Wilhelm Reich

Aus dem Niederländischen
von Gregor Seferens

Carl Hanser Verlag

Die Originalausgabe erschien unter dem Titel
Het seksuele bolwerk, Zin en waanzin van Wilhelm Reich
bei Uitgeverij De Bezige Bij, Amsterdam 1973

1 2 3 4 5 01 00 99 98 97

ISBN 3-446-18947-5

Satz: Fotosatz Otto Gutfreund GmbH, Darmstadt
Druck und Bindung: Friedrich Pustet, Regensburg
Printed in Germany

1 Teppich Buch Witwe Brief

Venus erscheint am Morgenhimmel, die Sterne verblassen, auf dem Land krähen die Hähne zwischen den Wochenendhäusern der Intellektuellen, die Sonne geht auf – und nur dieses Mal ist das der Anfang eines einzigartigen Tages: ein Tag wie ein Mensch. Irgendwo außerhalb der Zeit steht ein Hohlspiegel, der die Strahlen eines ganzen Lebens bündelt und sie in den Brennpunkt dieses einen Tages zurückwirft. Ein solcher Tag war für mich der 4. November 1972, ein Samstag. Warum es ausgerechnet dieser und nicht ein anderer Tag war, weiß ich nicht. Die Astrologen würden es mir sagen können, aber das Verfallsdatum für ihre Erklärungen war spätestens der 3. November 1972. Warum fällt der erste Tropfen eines Gewitterschauers just auf diese Gehsteigplatte und nicht auf jene? Dies ist das Resultat einer Reihe von Ursachen, die wir zwar nicht ergründen können, die es aber dennoch gibt. Es ist kein Zufall und in keiner Weise geheimnisvoll. Aber warum war ausgerechnet der 4. November 1972 für mich so ein merkwürdiger Tag? Durch ein »Aufeinandertreffen von verschiedenen Umständen«. Warum kamen sie gerade an diesem Tag zusammen? Weil der außerzeitliche Spiegel so ausgerichtet war. Warum war er so ausgerichtet?

Darum.

Es war ein sonniger Herbsttag, ich ging mit meiner kleinen Tochter auf dem Arm langsam die Treppe hinunter und setzte die Kleine draußen in den Kinderwagen; ihre Mutter packte sie gut ein, und die Familie ging brav zur

Straßenecke. Dort trennten sich unsere Wege: Mutter und Tochter gingen in den Park, ich spazierte, ohne ein bestimmtes Ziel anzusteuern, in Richtung Innenstadt.

Schon ein paar Minuten später blieb ich vor einem Schaufenster stehen, an dem ich all die Jahre vorbeigegangen war, ohne je einen ernsthaften Blick auf die Auslage geworfen zu haben. Die Scheibe war, um Spiegelungen zu vermeiden, gebogen, der Raum dahinter war voller Perserteppiche: sie lagen auf dem Boden, hingen an den Wänden und über unsichtbaren Ständern. Unsere Zimmer zu Hause waren mit den harten Kokosmatten des ehemaligen Junggesellen ausgelegt, und die, dachte ich mir, waren nicht besonders angenehm für das Baby, auch wenn es sich nie darüber beschwert hat – es sei denn, indem es sehr schnell aufhörte zu krabbeln und laufen lernte. Ich hatte mir bereits vorgenommen, einen neuen Teppich verlegen zu lassen, einen weichen, gediegenen, dichten, blutfarbenen Teppich, wie sie bei reichen Leuten liegen. Aber während ich noch durch die gebogene Scheibe sah, in der ich mich nicht sehen konnte, änderte ich plötzlich meinen Entschluß, und ich betrat den Laden.

Ein Herr führte mich zwischen den Teppichen umher, ließ auch noch andere Teppiche aus dem Lager herbeischaffen, die Angestellte auf den Schultern aufgerollt hereinbrachten, und die sich, nach einem kurzen Ruck und einem dumpfen Knall, auf dem Boden ausbreiteten. Seinem Aussehen und Akzent nach hätte man sich den Mann problemlos im Wien der zwanziger Jahre vorstellen können oder auf einem Foto des Psychoanalytischen Komitees, das sich um Freud versammelt hat.

»Reden Sie doch Deutsch«, schlug ich ihm auf deutsch vor, worauf er mich erstaunt ansah und in einem alles andere als akzentfreien Niederländisch sagte:

»Wie kommen Sie denn auf diese Idee?«

Die Geheimnisse des Buchara, die Geheimnisse des Afghan, des Shiraz, des Baluchistan, Keshan, Bidjar – ein merkwürdiges Gefühl erfüllte mich, so warm und so süß wie die Farben, die aus den Teppichen dampften: das Rot, das Orange, Dunkelgrün. Ein Mädchen brachte Tee, und ich ließ mich auf den Teppichen nieder, von denen jetzt mehrere übereinanderlagen. *Alf laila wa-laila.* »In den ältesten Zeiten und verflossenen Äonen«, von seiner Ehefrau verlassen (oder war es vielleicht doch seine Mutter?), ließ Sultan Schehriyar jeder Frau, mit der er nachts seine Lust genossen hatte, am folgenden Morgen den Kopf abschlagen – bis, nachdem er Hunderte hatte töten lassen, Schehrezade zu ihm ins Bett stieg, ihm einen Orgasmus verschaffte, dann aber anfing, eine Geschichte zu erzählen. Und weil diese am nächsten Morgen noch nicht zuende erzählt war und am darauffolgenden Morgen auch nicht, wurde die Hinrichtung Nacht für Nacht verschoben, so lange, bis ihre Geschichte nach 1001 Nacht und ebenso vielen Orgasmen das Muster eines riesigen Teppichs hatte und der Sultan die Erzählerin zur Frau nahm. Das war der Teppich, den ich eigentlich suchte.

»Schauen Sie doch bitte einmal hier.«

Der Mann kniete sich auf einen Mahal und steckte seinen Zeigefinger dort in die Wolle, wo aus Weinrot unvermittelt Blutrot wurde.

»Sehen Sie diesen Fehler? Und hier, wie diese Linie verspringt? Das hat der Knüpfer mit Absicht gemacht, denn nur Allah kann etwas Vollkommenes schaffen.«

»Womit der Weber also sagen möchte, daß er sich Gewalt antun muß, um Allah nicht ebenbürtig zu sein. Er ist mehr als Allah«, sagte ich, »*er* ist Allah.«

Der Herr sah auf und nickte ernst.

Ich kaufte den Mahal – und in dem Augenblick, als ich den Scheck ausfüllte, erinnerte ich mich daran, daß ich früher einmal, vor fünfzehn Jahren, Perserteppiche *verkauft* hatte.

Das geschah nach dem Tod meines Vaters. Im Jahre 1957 n. Chr. war er gestorben, an seinem 65. Geburtstag, akkurat wie immer (einen Monat später bekam ich als sein Erbe eine Abrechnung der Rentenversicherung über diesen einen Tag, an dem er Rente bezogen hatte, und danach folgte der Bescheid, daß ich den Betrag zu versteuern hätte), und ich mußte mich um seinen Nachlaß kümmern. Geld besaß er nicht, arm wie eine Kirchenmaus war er gestorben, aber da war sein Hausrat, und ich mußte entscheiden, was damit passieren sollte. Seit zwei Jahren schon lebte ich in einem kleinen Apartment, und ich suchte mir aus den Sachen raus, was ich gerne behalten wollte: eigentlich nur Briefe und andere schriftliche Unterlagen, ein paar Bücher, seine Tagebücher aus dem Ersten Weltkrieg, seine Orden, das Eiserne Kreuz, seinen Säbel und den Kompaß, mit dem er sich seinen Weg durch die russischen Steppen, über die Dolomiten und durch den Schlamm in Nordfrankreich gesucht hatte. Den Rest ließ ich versteigern.

Am Tag der Auktion saß ich in der letzten Reihe der Versteigerungshalle, den Katalog auf dem Schoß: der Inhalt des Hauses, in dem ich 27 Jahre gelebt hatte, geschrumpft zu einer Reihe von Nummern. Selbst in Japan habe ich die Menschen nicht so als Fremde empfunden, wie bei dieser Veranstaltung. Ein Angestellter trat mit der blauen Vase nach vorne, die ich besser kannte als meine eigene Hand, denn meine Hand hatte sich von Jahr zu Jahr verändert, aber sie war immer noch dieselbe. Der Auktionator hielt den Hammer über dem Pult in der Schwebe, seine Augen wanderten über die Anwesenden, dann berührte er die Vase und verwandelte sie in Geld:

»Fünfundzwanzig Gulden, fünfundzwanzig Gulden, fünfundzwanzig Gulden, fünfundzwanzig Gulden für diese schöne Vase, fünfundzwanzig Gulden, sechsundzwanzig Gulden, sechsundzwanzig Gulden, sechsundzwanzig Gulden, siebenundzwanzig Gulden, achtundzwanzig Gulden, neunundzwanzig Gulden, neunundzwanzig Gulden, da, dreißig Gulden, dreißig Gulden, dreißig Gulden für diese wunderschöne Vase, Jugendstil, unbeschädigt, dreißig Gulden, einunddreißig Gulden, zweiunddreißig, dreiunddreißig, dreiunddreißig Gulden, vierunddreißig, vierunddreißig, vierunddreißig Gulden, vierunddreißig Gulden, fünfunddreißig, bietet niemand mehr als fünfunddreißig Gulden? Sechsunddreißig, hier sechsunddreißig Gulden. Siebenunddreißig Gulden. Niemand mehr als siebenunddreißig Gulden?«

Kraftlos, nur durch das eigene Gewicht nach unten gezogen, sank der Hammer auf das Pult, und der Auktionator machte sich eine Notiz. Alle auf der Bühne machten sich eine Notiz.

»Herr Bier«, sagte der Auktionator – und ich sah nach dem Hinterkopf eines fremden Mannes, eines gewissen Bier, der sich auch eine Notiz in seinem Katalog machte. Die Vase, in der ich als Kind unaussprechliche Geheimnisse gesehen hatte, Ausblicke in eine andere Welt, die nur durch diese eine Vase eröffnet werden konnten, gehörte nun ihm: jemandem namens Bier. Er hatte keine Vorstellung davon, was er nun sein eigen nannte, er glaubte, eine Vase gekauft zu haben, aber sie war ein Universum und eigentlich unbezahlbar.

Während die Versteigerung fortgesetzt wurde, erfüllte mich langsam ein fürchterlicher Haß. Was dachten diese

Menschen eigentlich, wer sie waren? Wie kamen sie überhaupt auf den Gedanken, sich all diese Dinge unter den Nagel zu reißen? Mit Schnüren zusammengebunden wurden die Messer, Gabeln und Löffel auf den Tisch gelegt, mit denen wir zehntausendmal gegessen hatten, mit denen meine Eltern schon gegessen hatten, bevor ich geboren wurde, die sie benutzt hatten an dem Abend vor der Nacht, in der sie mich zeugten, und beim Frühstück am Morgen danach, als ich schon aus acht Zellen bestand – dieses Besteck, zehntausendfach gespült und bis tief in die Nacht von unserer Haushälterin Frieda (auch sie schon seit einem Jahr tot) in der Küche poliert, weil es aus Silber war und schnell schwarz wurde.

»Frau Ankersmit.«

Ich sah mich im Saal um. Da saßen die Fremden, unter denen alles verteilt wurde, diese und keine anderen. Ich müßte mir beim Notar ihre Adressen besorgen, denn sonst würde man all die Gegenstände nie mehr zurückbekommen und ihrem alten Eigentümer wiedergeben können, falls sich herausstellen sollte, daß es nötig ist, daß dies alles nur ein Irrtum war. Diese Hyänen. Sie waren dabei, das Haus meines Vaters genauso unter sich zu verteilen, wie es im gleichen Augenblick unter der Erde die Ameisen, die Käfer, die Maden, die Larven mit seinem Körper taten. Speiübel war mir, als ich die Rücken und Hinterköpfe des Ungeziefers betrachtete – und in diesem Moment wurden auch die Perserteppiche gezeigt, deren Muster ich besser kannte als den Stadtplan, denn schließlich hatte ich mich monatelang als Vierfüßler, die Augen kaum zwanzig Zentimeter über dem Teppich, darauf fortbewegt: der Buchara, der Afghan, der Shiraz, der Baluchistan, in die die Fußspuren meines Vaters und meiner Mutter gedrückt waren, auf denen sie getanzt hatten, auf denen sie gestanden haben, als sie den Entschluß faßten, sich zu trennen.

»Herr Bier.«

»Frau Ankersmit.«

Den Mahal hatte ich günstig kaufen können, denn er war weder neu noch antik, aber trotzdem schön, und er sollte zwischen fünf und halb sechs geliefert werden. Ich war in eine merkwürdige Stimmung geraten, ähnlich dem Rauschen des Wassers in den Radiatoren der Zentralheizung. Seit einiger Zeit vom Sohn zum Vater geworden, waren mit dem Ankauf meines Teppichs wieder zwei Enden aneinandergeknotet worden – und vielleicht ist dergleichen ja das Lasso, mit dem ein Tag wie dieser gefangen wird. Der Herr öffnete mir die Tür, ich sagte »Grüß Gott«, er sagte »Servus«, und ich setzte meinen Spaziergang Richtung Innenstadt fort.

Ich hatte nichts Bestimmtes vor. Grund dafür war ein Entschluß, den ich mitten im Zweiten Weltkrieg faßte, als ich ungefähr sechzehn war und rings um mich herum Städte und ganze Völker in Feuer und Asche versanken: Nie mehr wollte ich etwas tun, wozu ich keine Lust hatte. Solange ich lebte, wollte ich erst aufstehen, wenn ich von alleine aufwachte und erst zu Bett gehen, wenn ich müde war. Ich wollte alles tun, um jeden Tag so vollkommen nur für mich zu haben, wie ich mein Leben am Tag meiner Geburt für mich hatte, und *nie* würde ich etwas tun, das seinen Sinn nicht in sich selber hatte, sondern in etwas anderem, zum Beispiel in Geld. Und ich würde erst dann Verpflichtungen für andere Menschen übernehmen (für eine Frau, ein Kind), wenn dies meinen Entschluß nicht mehr gefährden konnte. »Sucht zuerst das himmlische Königreich, alles andere wird euch geschenkt werden« – der

Satz war für mich die Umschreibung eines Naturgesetzes. Und wenn ich ehrlich bin, dann muß ich sagen, daß ich davon noch heute überzeugt bin, jedenfalls hat mein Leben diesen Satz nicht widerlegt. Nein, es ist wirklich nicht notwendig, daß irgend jemand jetzt mit erhobenen Armen am Horizont erscheint und hergelaufen kommt, um mir zu erklären, daß ein Arbeiter aus einer Strohzellstoffabrik in Ost-Groningen oder ein Bauer aus Bihar sich diese Überzeugung allerdings nicht zu eigen machen kann, in Anbetracht der Tatsache... Nein, das ist wirklich nicht nötig, bestimmt nicht. Aber der, der da angelaufen kommt, was hat *er* eigentlich gemacht, was ich nicht gemacht habe (weil ich Lust dazu hatte)?

Ab und zu gerate ich ins Schmunzeln. Und so schlenderte ich, auch wenn ich wie ein Heizkörper rauschte, ziellos durch Amsterdam. Eine Viertelstunde später betrat ich eine Buchhandlung, um mich ein wenig in der fremdsprachlichen Abteilung umzusehen. Nicht bei den Romanen natürlich, denn derartige Bücher lese ich seit Jahren nicht mehr, weil sie mich nicht zu eigenen Arbeiten anregen. Romane sind Endprodukte, die in die Hand von Lesern gehören. Als Autor interessiere ich mich ausschließlich für Material, das man noch bearbeiten kann. Die Jugendzeit, in der ich ein ganzes Œeuvre – wie das von Dostojewski, von Kafka oder den vollständigen Brecht – in ein paar Wochen verschlang, ist definitiv vorbei. Seit ich erwachsen bin, habe ich Vergleichbares nur noch einmal erlebt: mit Borges. Natürlich fällt mir alle paar Jahre einmal ein Roman eines Zeitgenossen in die Hände, der mich nicht schon nach fünf Minuten, ohnmächtig vor Langeweile und Abneigung, zu Boden sinken läßt, sondern den ich angeregt zu Ende lese, aber so ein Erlebnis wie Thomas Mann habe ich heute nicht mehr. Wenn ich selber nicht an einem Buch arbeite, lese ich keine Zeile, aber wenn ich einen Text über einen, sagen wir, Briefmarkenhändler schreibe, dann arbeite ich dafür mit Leidenschaft eine ganze philatelistische Bibliothek durch und zusätzlich noch allerhand Kataloge und Fachbücher über Drucktechniken, auch wenn das nicht notwendig ist und ich das allerwenigste von dem Gelesenen verwende. So bleibe ich up to date.

Und jetzt, in der Buchhandlung, blätterte ich eine Weile in einem Band von Wilhelm Reich. Der Titel des Buches lautete: *The Function of the Orgasm (The Discovery of the Orgone, Vol. I).* Ich schlug es auf, steckte meine Nase zwischen die Seiten und roch sofort, daß dies ein außergewöhnliches Buch war. Natürlich kannte ich den Autor vom Namen her, aber darüber hinaus hatte ich nur ungenaue Informationen über ihn, die ich hier und da aufgeschnappt hatte. Ich wußte, daß die antiautoritäre Bewegung der sechziger Jahre seine Theorien wiederentdeckt hatte, aber auch damals waren es nicht die Theorien gewesen, die mich für diese Bewegung begeistert hatten – ich hatte etwas Marcuse gelesen, mich aber nicht viel weiter auf dieses Feld begeben. Doch weil es soviel Außergewöhnliches in dieser Welt gibt und man sich nicht bei allem aufhalten kann, und vor allem, weil es mich nicht beschäftigte, legte ich das Buch zurück auf seinen Platz.

Ich ging wieder nach draußen, blieb aber nach wenigen Schritten unentschlossen stehen: an einer Stelle, die inzwischen von meinem Dämon für eine unerklärliche Entscheidung vorbereitet worden war. Auf der gegenüberliegenden Seite läutete die Glocke der Börse, über meinem Kopf, auf einem zwanzig Quadratmeter großen Plakat, grapschte ein schmutziger Kerl aus der Arbeiterklasse einem Mädchen aus dem gehobenen Bürgertum in die

Rüschenbluse: EINE VERGEWALTIGUNG – ZWEI TÄTER – DREI TOTE. Mit eingefallenen Gesichtern (»und dann wurde er wach und merkte, daß alles nur ein Traum war«) kamen die Menschen aus der ersten Nachmittagsvorstellung. Ich spaltete ihren Strom, und wo sie sich mit dem Gedränge auf dem Bürgersteig mischten, tanzte ein drolliger alter Mann mit einem kupfernen Schüsselchen zur Musik seiner Drehorgel, die am Rande des Bürgersteigs stand und mit einem knatternden Benzinmotor angetrieben wurde. Gegen den Strom näherten sich die Anhänger von Krishna in einem langsamen, wogenden Gänsemarsch: fünf singende Jungen, deren Schädel bis auf eine Locke am Hinterkopf kahlgeschoren waren, gekleidet in orangene Priestergewänder, die wegen des niederländischen Novembertages durch zu blaue Wollpullover, hohe Gummistiefel und Wollmützen ergänzt wurden. *»Hare, Hare Krishna, Hare Rama, Hare.«* Sie klimperten mit ihren Zimbeln und arbeiteten sich Zentimeter um Zentimeter durch eine Gruppe von amerikanischen Hippies, die sich Pappschilder um den Hals gehängt hatten, auf denen alte Volkswagen und Rückflugtickets nach New York angeboten wurden – während ein paar Meter weiter, in der Passage eines großen Warenhauses, die Polizei einen jungen Mann verhaftete, der handgeschmiedeten Schmuck verkaufen wollte und damit ein Gesetz übertrat, das offensichtlich von dem Warenhaus, in dessen Passage er saß, nicht übertreten wurde.

In diesem Pandämonium des Wohlfahrtsstaates machte ich aus irgendeinem Grund auf dem Absatz kehrt, ging in das Geschäft zurück und kaufte das Buch von Reich.

Unmittelbar nach dem Zweiten Weltkrieg, ich war ungefähr siebzehn, genügte mir die sichtbare Wirklichkeit nicht mehr – ich begab mich also auf die Suche nach dem Unsichtbaren. Dabei machte ich einen großen Bogen um die offiziellen Vertreter des Unsichtbaren, nämlich die Kirchen, denn die waren mir noch viel zu sichtbar; die reformatorische Variante dieser Metaphysik hatte ich im übrigen auf dem christlichen Realgymnasium zur Genüge kennengelernt, um sie ein für allemal auszuspucken, denn sie war lau und zudem weder kalt noch heiß. Außer wenn ich versuchte, mit Hilfe von magischen Aktivitäten das Unsichtbare zu provozieren und es herbeizuzwingen, war ich nur dann bereit, es überhaupt wahrzunehmen, wenn es in Gestalt von ungebundenen Individuen oder Zeichen, die nur ich erkennen konnte, auftrat.

An einem Sommertag im Jahr 1945 sprang ich mit einem Mädchen auf die hintere Plattform einer wegfahrenden Straßenbahn, ausgelassen, verliebt, und sah plötzlich in die Augen eines unauffälligen, vielleicht fünfundfünfzigjährigen Mannes. Er lächelte und sagte:

»Erinnere dich dieser Zeit.«

Monatelang war ich davon überzeugt, daß er ein *Eingeweihter* war, der mir ein *Zeichen* gegeben hatte: eine Ermunterung des Übersinnlichen an meine Adresse. Heute fürchte ich, daß er wehmütig nur das meinte, was er sagte: ich solle nicht vergessen, welche Lebensfreude ich einmal gefühlt hatte, wie fröhlich ich mit achtzehn einmal war. Heute, gut fünfundzwanzig Jahre später, erinnere ich mich also dieses Mannes und der Zeit. Und noch heute habe ich Schwierigkeiten, das Aufeinandertreffen der Umstände an meinem vierten November einfach einen Zufall zu nennen. Den Glauben, daß es so etwas wie eine höhere Fügung gibt, und also ein Bewußtsein hinter den Ereignissen, habe ich weniger »verloren« als im Laufe der Jahre abgelehnt. Ein solcher Glaube ist unmoralisch, denn er hat zur Folge, daß man sich mit den Verhältnissen abfindet. Dagegen wäre weiter nichts zu sagen, wenn dieser Glaube zwingender wäre als die Notwendigkeit, die Verhältnisse zu ändern, was nicht der Fall ist. Darum muß man das Glauben denjenigen überlassen, die sich in das Schicksal fügen und daraus dann ihren Glauben herausdestillieren, um sich so das Gefühl zu verschaffen, ihre Moral bewahrt zu haben. Im Glauben wird die Moral gekreuzigt.

Aber das bedeutet nicht, daß ich bei einem Tag wie meinem vierten November sofort von »Zufall« rede, denn das würde bedeuten, nichts zu sagen. Und das Schweigen sollte man Wittgenstein überlassen. An diesem Tag fanden vier Ereignisse statt, die ich mit den vier Worten der Kapitelüberschrift kurz umrissen habe. Die ersten beiden – den Kauf des Perserteppichs und des Buches von Reich – kann man noch zu den ersten Tropfen auf der Gehsteigplatte rechnen, wobei meine psychische Verfassung dann die Gewitterwolke, die Temperatur und die Windrichtung wäre. Aber die beiden anderen traten von außen an mich heran: Jemand sprach mich an, eine Witwe, und später am Tag bekam ich einen Brief, in dem mir der Tod eines Menschen mitgeteilt wurde. Wenn die beiden letzten Ereignisse vor den ersten stattgefunden hätten, könnte man die beiden merkwürdigen Anschaffungen vielleicht mit dem Zustand erklären, in den mich die Witwe und der Brief gebracht hatten. Daß die Witwe und der Brief am gleichen Tag auftauchten, kann man dann meinetwegen Zufall nennen. Aber das Gegenteil war der Fall. Nun behaupte ich nicht, daß mein Rauschende-Heizung-Gefühl an diesem Tag die Witwe dazu gebracht hat, mich anzusprechen, und den Brief, in meinen Briefkasten zu fallen, aber ich bin sehr wohl geneigt, wegen des Auftauchens der Witwe und des Briefes auch den Teppich und das Buch nicht mehr mit meiner Psychologie zu begründen. Warum kaufte ich den Teppich nicht einen Tag früher und das Buch einen Tag später? Warum tat ich beides an dem Tag, an dem ich der Witwe begegnete und der Brief ankam? Anstatt »Zufall« sage ich lieber: es fällt mir zu.

Man kann dieses Phänomen mit der Radioaktivität vergleichen. Es steht vorher immer schon exakt fest, wieviel Atome eines radioaktiven Isotops nach einer bestimmten Zeit zerfallen sein werden. Aber ein Atom ist, wenn es zu einem bestimmten Zeitpunkt zerfällt, in keinerlei Weise »an der Reihe«, es zerfällt spontan, ohne Einwirkung von außen – und mit diesem Verhalten gehorcht es genau den ehernen Gesetzen, die für die anderen Atome auch gelten. Die Zufälligkeit, mit der ein bestimmtes Atom zu einer bestimmten Zeit zerfällt, ist gleichzeitig *nicht* zufällig. Und so wie bei den Atomen verhält es sich auch bei den Menschen. Wenn Wahlen sind, und die Wahllokale schließen abends um sieben Uhr, dann steht das Ergebnis schon seit zwölf Uhr mittags fest. Am Morgen haben die Wähler in fünf Wahllokalen ihre Stimmen zusätzlich noch in einen Computer eingegeben, der diese dann mit einem Faktor x1 bis x5 multipliziert, der aufgrund der vorherigen Wahlen das Verhältnis der Stimmen in diesen Wahllokalen zum Gesamtwahlergebnis wiedergibt – damit steht das Endergebnis fest. Trotzdem gebe ich abends um sechs in aller Freiheit meine Stimme ab – wenn auch mit dem melancholischen Gefühl, daß meine freie Wahl nur noch den Zweck hat, die Maschine zu kontrollieren, durch die unsere Art von Demokratie offensichtlich mehr und mehr ersetzt werden kann.

Wie dem auch sei, mit Reichs Buch über den Orgasmus in der Tasche machte ich mich auf den Heimweg. Obwohl ich nicht mit dem Thema »beschäftigt« war, fühlte ich plötzlich ein unerklärliches, nicht zu unterdrückendes Verlangen, das Buch zu lesen. Nicht etwa, daß ich Probleme mit dem Orgasmus habe und nun ein Heilmittel zu finden hoffte – wenn ich komme, schlägt der liebe Gott persönlich mir mit einem Eichenbrett den Kopf vom Rumpf, und irgendwo auf der Welt schlägt garantiert im gleichen Moment der Blitz in eine Kathedrale. Ich kann auch, je nachdem wie ich möchte, meinen Orgasmus nach einer halben Minute oder erst nach einer Stunde erreichen. Zwar weiß ich heute, daß letzteres für Reich ein Beweis »orgastischer Impotenz« wäre, aber ich schreibe es dennoch hin. Offensichtlich beschäftigte mich, auch wenn ich es nicht wußte, Reich schon auf eine andere Weise: nicht die Theorien eines bestimmten Psychiaters beschäftigten mich, sondern ein Psychiater, der bestimmte Theorien hatte.

Der Grund dafür wurde mir innerhalb der nächsten Viertelstunde deutlich.

Nicht weit von meiner Wohnung entfernt, in der Straße, wo ich vorhin den Mahal gekauft hatte, bemerkte ich eine Frau, die schon seit einer Weile neben mir herging, nicht unmittelbar neben mir, sondern im Abstand von zwei, drei Metern, was kein Problem darstellte, da die Straße für den Autoverkehr gesperrt war. Immer wenn ich zu ihr hinübersah, schaute sie weg. In Anbetracht der Tatsache, daß ich nicht nur von angenehmem Äußeren bin, sondern auch noch fürchterlich berühmt und darüber hinaus sehr geschmackvoll gekleidet, passieren mir solche Sachen öfter. Diese Frau aber kam mir irgendwie bekannt vor. Und plötzlich fiel es mir ein: Sie war die Witwe von Exel oder jedenfalls die Frau, mit der er die letzten Jahre vor seinem Tod zusammengelebt hatte. Ab und zu, als wir schon seit Jahren keinen Kontakt mehr miteinander hatten, sah ich die beiden zusammen. Ich hatte nie mit ihr gesprochen, aber als sie bemerkte, daß ich sie erkannte, kam sie näher und sagte völlig unvermittelt:

»Kommst du mit?«

»Wohin?« fragte ich in aller Unschuld.

»Zu mir.«

Und ich ging mit. Als verheirateter Mann kann man sich heute fast nicht mehr allein auf die Straße wagen.

Exel lernte ich 1947 kennen, aber unser Zusammentreffen hatte eine Vorgeschichte. Bei meiner Suche nach der unsichtbaren Wirklichkeit bekam ich kurz nach dem Krieg Ouspenskys Buch *Ein neues Modell des Universums* in die Finger und verschlang die zwei dicken Bände, Tag und Nacht lesend, innerhalb von 24 Stunden. Besonders gefiel mir seine Unterscheidung zwischen »exoterischem« und »esoterischem« Wissen. Damals wußte ich noch nicht, daß nicht er sich das ausgedacht hatte; und außerdem strebt der Okkultismus ja auch nicht nach neuem, sondern gerade nach dem Besitz von uraltem Wissen. Exoterisch war, was jeder wußte oder wissen konnte, also die Wissenschaft. Esoterisches Wissen war geheim und ausschließlich im Besitz von einigen wenigen, auserwählten Individuen, bzw. von kleinen, geheimen Gruppen, die »eingeweiht« waren. Seit Anbeginn der Zeit weihten diese Menschen sich untereinander in die esoterische Wissenschaft ein: mündlich, der Lehrer den Schüler, oder auch in ungeheuer geheimen Schulen, die es in den unwirtlichsten Gegenden ferner Länder gab. Manchmal, und besonders in früheren Jahrhunderten, war es vorgekommen, daß diese Menschen auch Bücher schrieben, aber an die kam man nur unter allergrößten Schwierigkeiten heran (nur in den hermetisch verschlossenen Kellern des Vatikans existierte eine vollständige Sammlung), und wenn man denn eines fand, so konnte man es ohne den geheimen Schlüssel nicht verstehen.

Ach, ach, wäre es schön, wenn das alles wahr wäre – aber 1945 (als die Trümmer noch rauchten und mein Vater hinter Stacheldraht saß) zweifelte ich nicht daran, und es stand für mich fest, daß ich dazu ausersehen war, in Kürze eingeweiht zu werden. Nur, wo sollte ich meine Lehrer finden? Die hockten im Schneidersitz im Himalaja, und in Europa waren sie unerkannt in der Masse untergetaucht. Der Mann auf der hinteren Plattform der Straßenbahn war natürlich ein Eingeweihter gewesen, aber ich hatte ihn nie wiedergesehen. Das hatte mich damals schon stutzig gemacht: Es schien, als habe er sich in Luft aufgelöst.

So kam es, daß ich eines Tages bei den Rosenkreuzern landete, die unter dem Namen »Internationale Schule für esoterische Philosophie« Anzeigen in Tageszeitungen aufgegeben hatten. Schon damals schienen mir diese Anzeigen im Widerspruch mit dem Grundprinzip der Esoterik zu stehen, und auch daß die Gruppe an der Bakenessergracht in Haarlem einen deutlich sichtbaren Tempel hatte, kam mir – von all den alten Damen, die ich dort traf, ganz zu schweigen – merkwürdig vor. Auch bei den esoterischen Lehrern konnte ich, was ihre religiöse Blödheit anbelangt, kaum einen Unterschied zu dem Gesindel erkennen, das mir, anstatt aufs Rad geflochten zu werden, auf dem christlichen Realgymnasium das Leben vergällt hatte. Mit einer Ausnahme: einem gewissen C. L. J. Damme, der merkwürdige Vorträge über Atlantis hielt, wo die Eingeweihten die »molekularen Kräfte« beherrschten. Da ich eine naturwissenschaftlich ausgerichtete Schule besucht hatte, fand ich diese Fähigkeit nicht so außergewöhnlich, und daß man mit Hilfe der Brownschen Bewegung ganze Kontinente versinken lassen könne, erschien mir doch recht unwahrscheinlich. Aber vielleicht meinte Damme ja auch die Kernenergie, und da war ich der Meinung, daß man sich in den *exoterischen* Wissenschaften einigermaßen auskennen müsse, ehe man sich den esoterischen zuwandte. Was mich an ihm faszinierte, war in erster Linie der Nebelschleier des Geheimnisvollen, der ihn umwebte, als wüßte er mehr, als er sagte. Das esoterische Wissen! Natürlich stellte er sich dümmer, als er in Wirklichkeit war, um so eine erste Auswahl unter den Kandidaten für die Weihe zu treffen. Er ähnelte sogar meinem Eingeweihten von der hinteren Plattform ein wenig. War er es vielleicht gewesen?

Am 10. November 1945 veranstaltete Damme einen Ausflug zum Reichsmuseum für Völkerkunde in Leiden. Meinen Notizen, die ich an diesem Tag machte und die mir hier vorliegen, entnehme ich, daß es seiner Auffassung nach drei Arten von Kunst gab: epigonale Kunst, ursprüngliche Kunst und magisch-ursprüngliche Kunst, und um diese letzte ging es natürlich. In der Tibet-Abteilung zeigte er uns ein abgesägtes Schädeldach, in dessen Innenseite allerlei geheimnisvolle Figuren geritzt waren. Seiner Meinung nach zeigten sie genau die einzelnen Teile des Hirns und deren Funktion.

»Die exoterische Wissenschaft glaubt, daß es sich hierbei um Trinkschalen handelt«, sagte Damme und sah uns an.

Ein bedauerndes Lächeln glitt über unsere Gesichter, und kopfschüttelnd schlenderten wir zur nächsten Vitrine.

Am 2. Dezember veröffentlichte das Mitteilungsblatt des Tempels einen gekürzten Bericht, den ich über unsere Exkursion geschrieben hatte, und den ich, da es sich um mein Debüt handelt, im Interesse der exoterischen Literaturwissenschaft hier einfüge:

»Inmitten einer Gruppe wissensdurstiger junger Menschen

stehe ich und lausche der Stimme des Herrn Damme, der mir immer wieder neue Perspektiven eröffnet. Ich betrachte sein beeindruckendes Haupt, obwohl ich mir eigentlich das Objekt, das er gerade bespricht, ansehen sollte. Dann schaue ich mich um und betrachte das Konglomerat von Menschen, das mich umgibt. Und es ist in der Tat ein Konglomerat. Ich entdecke Mädchen, die nicht älter als 16 Jahre, und Männer, die bestimmt schon 28 sind. Ich sehe saubere Hände und schmutzige Hände, ordentlich gekämmtes Haar und schlecht frisiertes, hohe Stirnen und fliehende, hübsche Kostüme und verschlissene Anzüge.«

Aber in seinem nächsten Vortrag, den er noch im selben Monat hielt, legte er dar, daß alles, was zu der Zeit in Indonesien passierte, schon am Borobudur auf Java verzeichnet stand. Alle Greueltaten, die dort jetzt von Sukarno begangen wurden, waren in dem zu Stein erstarrten Lebensmysterium dieses Tempels vorhergesagt. Das war der Zeitpunkt, zu dem C. L. J. Damme plötzlich anfing, mich entsetzlich anzuöden – und weil er außerdem nicht erkannt hatte, daß ich ein Glied in der *aurea catena* war, der goldenen Kette der Eingeweihten seit Hermes Trismegistos, war er vermutlich selber auch nicht eingeweiht, sondern schlicht und einfach ein alter Mann, der zu lange in Indonesien gelebt hatte und nun nicht mehr sauber tickte. Damit war für mich die Chymische Hochzeit des Christian Rosencreutz aufgelöst.

Was mich im übrigen schon immer bei dieser Verbindung gestört hatte, war die Unterdrückung der Sexualität. Wenn man Anteil an dem verborgenen Wissen haben wollte, so mußte man vor allem enthaltsam leben. Dies erklärte auch die Anwesenheit der vielen alten Damen, denn die hatten in dieser Hinsicht einen beachtlichen Vorsprung. Aber darüber zerbrach ich mir nicht den Kopf.

Nicht daß ich zugunsten des Vögelns dann doch lieber auf höheres Wissen verzichten wollte, nein, ich war davon überzeugt, daß dieses höhere Wissen für halbe Menschen unerreichbar war, und daß nur vollständige Menschen in seinen Besitz gelangen konnten. Andernfalls hatte man wieder so etwas wie das Christentum, Mönche und Priester also, mit Käsegesichtern, rotumrandeten Augen und haferbreifarbigen Händen. Aber wie die Sexualität in das höhere Wissen integriert werden sollte, wußte ich ebensowenig, wie ich mir auch keine richtige Vorstellung von den politischen Entwicklungen, wie dem Freiheitskrieg in Indonesien, machen konnte.

Kurz darauf bekam ich einen neuen Impuls: durch Jakob Wassermanns *Der Fall Maurizius*. Das ist ein deutscher Roman aus dem Jahre 1928, genauso dick wie deutsche Romane auch heute noch sind und die Deutschen im übrigen auch. Ich las das Buch in einem Zug aus und hörte dabei pausenlos eine Schallplatte mit Chopins Revolutions-Étude. Soeben habe ich versucht, das Buch noch einmal zu lesen, was mir aber jämmerlich mißglückte. Dieser hochphantastische Roman, der zusätzlich noch mit etwas angelesener Psychoanalyse angedickt wurde, entstand unter dem Einfluß der Werke Dostojewskis; und das alles dann auch noch auf Deutsch. Dabei ist das eine so fatal wie das andere, denn schon vor Freud war Dostojewski der Romanautor, an den keiner heranreichen konnte, und nach Freud konnte der Versuch, wie Dostojewski zu schreiben, nur noch in einer Pleite enden. Freud hat vom Roman gelernt, der Roman kann nicht von Freud lernen. Freud hat einen Teil der Möglichkeiten, die der Roman hat – nämlich die psychologischen –, entwendet und zu so etwas Ähnlichem wie Wissenschaft gemacht. Damit war die Psychologie für den Roman endgültig verloren. (Die letzten Reste hat später Proust ausgebeutet, danach hatte dann Joyce das Wort.) Das ist ein Prozeß, der sich durch die ganze Geschichte zieht: Wissenschaft entsteht auf Kosten der Literatur. Ob es sich um die Geschichtswissenschaft handelt, um die Philosophie, die Naturwissenschaften oder die Psychoanalyse: alles lag zunächst in den Händen der Literaturschaffenden, von Homer bis Dostojewski. Und heute ist die Situation die, daß das Territorium der Literatur aufgrund all dieser Annexionen zu einer Art Liechtenstein zusammengeschrumpft ist.

Aber als Bewunderer von Dostojewski las ich damals auch seine Epigonen mit Leidenschaft. Im nachhinein ist mir auch klar, warum gerade *Der Fall Maurizius* einen solchen Eindruck auf mich machte: Die Handlung dieses Romans entsprach ziemlich genau der Situation, in der ich mich damals befand. Zwar kann ich mich an die Handlung nicht mehr genau erinnern, aber es ging da um einen Jungen, Etzel Andergast, der einem Justizirrtum, an dem sein Vater maßgeblich beteiligt war, auf die Spur kommt: Der unschuldige Maurizius war damals zu lebenslanger Haft verurteilt worden. Schuldig ist ein gewisser Waremme, und das Buch besteht zu einem großen Teil aus den Gesprächen zwischen Waremme und Etzel, der völlig unter dessen Einfluß gerät. Damals saß nun mein Vater, aus politischen Gründen, auch im Gefängnis. Und da ich mich natürlich mit Etzel identifizierte, fand ich hier ein Tableau mit drei Vätern, von denen jeder einen Aspekt meines Verhältnisses zu meinem eigenen Vater repräsentierte. In erster Linie liebte ich meinen Vater natürlich: das war der unschuldige Maurizius. Dann haßte ich ihn natürlich auch: das war der alte Staatsanwalt Andergast. Und drittens entstand aus diesen Gefühlen eine höllische Mischung von Schuld und Buße und Verwirrung: das war Waremme. Weil ich damals die Angewohnheit hatte, meinen ersten Leseeindruck hinten in den Büchern zu notieren, kann ich ihn hier anführen. Hinter der Jahreszahl »*1946*« steht:

»*Ein dämonisches Buch. Die Figur Waremme ist kolossal. Nie werde ich ihn vergessen. Verkörpert er vielleicht ein Ideal, dem ich nachstrebe? Merkwürdig, wie ähnlich Waremme und Damme klingen.*«

Letzteres betrachtete ich natürlich wieder als ein Zeichen. Mit all den Adjektiven, die seine deutsch-russische Feder hergab, hatte Wassermann den menschgewordenen Nebelschleier des Geheimnisses geschaffen. Ich schlage irgendeine Seite des Buches auf und zitiere:

»*Zu dieser Zeit hatte er ja von dem durchdringenden Geist des Mannes und seiner wahrhaft monströsen Erfahrung nur einen sehr undeutlichen Begriff. Er spürte ihn, die geduckte Ruhe, die etwas unterirdisch Kochendes hatte und manchmal einen verheerenden Ausbruch fürchten ließ, das undefinierbar Zerrissene und Verwüstete, das an eine von einem Wolkenbruch heimgesuchte Landschaft erinnerte, das Schleichende, Ungesellige, Argwöhnische wie bei einem gehetzten, kranken, doch immer noch ungeheuer starken Höhlentier, er spürte alles, ermaß es aber nicht.*«

Das war es, hier fand ich alles, was ich suchte: unendliche Tiefen, unterirdisches Kochen, monströse Erfahrungen, Donner und Blitz, heilige Teufel, Rasputin, Potenz, Einweihung, Kabbala, Geheimwissenschaften – und da man, wie übrigens schon in der Bibel geschrieben steht, immer das findet, was man sucht, begegnete ich ihm kurze Zeit später: Exel. Außerdem glich sein Name dem Wort »Etzel« wie ein Ei dem anderen. Ich lernte ihn durch meine damalige Freundin Ada kennen, die er angesprochen hatte – ungefähr an der Stelle, an der mich beinahe ein Vierteljahrhundert später seine Witwe ansprach, neben der ich jetzt herlief.

Ob sie – ich spreche von Ada – damals mit ihm ins Bett gegangen ist, weiß ich nicht; an ihm wird es nicht gescheitert sein. Ihr aber war sofort klar, daß er zu den Männern gehörte, nach denen ich ungeduldig Ausschau hielt. Ich war 18, sie 22, er ungefähr so alt wie ich heute bin: 45. Er ging so gerade, als ob er einen Besenstiel im Rücken hatte; auf seinem Hals saß ein Kopf, dem man die grauenhaften Erfahrungen sofort ansah. Der Schädel war kahl und hatte die Wölbung eines byzantinischen Pendentifs, die Stirn war hoch, die Augen blau und leicht geschlossen; auf beiden Seiten von Nase und Mund sowie auf den Wangen waren tiefe Furchen zu sehen, die das Rasiermesser des Lebens hineingeschnitten hatte. Er wohnte am Stadtrand, auf der ersten Etage einer verfallenen Villa an der Amstel; im Erdgeschoß hatte ein Bildhauer sein Atelier. Auch wenn es nicht regnete, konnte man den Weg, der zur Eingangstür führte, nicht verlassen, da der große Garten ein einziger Sumpf war; sehen konnte man das nicht, weil dort hohes, dünnes Gras wuchs, aber beim ersten Fehltritt versank man bis zur Mitte des Schienbeins im Schlamm.

Es dauerte nicht lange, bis ich mehr oder weniger bei Exel wohnte. Damals war er noch mit seiner bedeutend jüngeren Cousine verheiratet. Wenn er nachts nicht nach Hause kam, was des öfteren geschah, legte ich mich zu ihr ins Bett. Er wußte natürlich davon, denn jeder weiß immer alles, aber er sprach nie darüber. Kurze Zeit später trennten sich die beiden, was ihn in nicht geringe finanzielle Schwierigkeiten brachte, da sie – als Modezeichnerin – zum größten Teil für den Lebensunterhalt gesorgt hatte. Die Einkünfte aus seinen Vorträgen waren sehr gering. Regelmäßige Spenden von zwei alten Damen, unverheiratete

Schwestern und Anhängerinnen seiner Lehre, halfen ihm aus dieser Verlegenheit. In seinem Namen führte er den Titel »Ing.«, und man kann also annehmen, daß er irgendwann einmal einen, vermutlich technischen, Beruf erlernt hatte. Genaueres habe ich nicht erfahren. Überhaupt äußerte er sich über seine Vergangenheit immer nur sehr unbestimmt. Er deutete einmal an, daß sein Vater, als er auf dem Sterbebett lag, mit einer Bibel nach ihm geworfen habe. Einmal rutschte es ihm heraus, daß er während des Krieges in Berlin gelebt hatte. Es ging um eine »Geheimwaffe«, die er angeblich erfunden hatte, oder von der die Deutschen *glaubten*, er habe sie erfunden, oder von der er nun *behauptete*, daß die Deutschen das glaubten – ich habe keine Ahnung. Jedenfalls hatte ich nicht den Eindruck, daß er im Widerstand war. Angeblich ist er auch, während oder nach dem Krieg, im Gefängnis gefoltert worden. Die ersten Monate nach der Befreiung hatte er in einer Hütte auf der Heide gewohnt, hier oder in Deutschland. Kurzum, alles war ähnlich undurchsichtig wie bei Waremme.

Die Tage verbrachten wir im Gespräch, oder besser gesagt: Er redete und erläuterte seine Lehre, und ich lauschte. Alles war neu für mich, und erst später wurde mir klar, daß er eigentlich ein verspäteter Neoplatoniker war. Selber wußte er das vermutlich auch nicht, denn besonders gebildet war er nicht. Eigentlich kannte er nur zwei Bücher (die allerdings in- und auswendig), mit denen er alles erklärte: das Neue Testament und Platons *Timaios*. Wohltuend war das Fehlen aller Rosenkreuzer-Mystik mit ihren Entitäten und Höchsten Hitzesphären, und auch das indisch-theosophische Mobiliar à la Schiwa und Rupa suchte man vergebens. Der Tenor der Lehre Exels war alexandrinisch, und vielleicht ist es ja gut, daß er nie auf Plotin gestoßen ist, denn ich kann mir vorstellen, daß er danach einiges nicht mehr so hätte behaupten können. Platons *Timaios*, der Dialog, den er in hohem Alter schrieb, ist stark pythagoräisch beeinflußt, und das Beste an Exels Lehre war seine Zahlenmystik, die er daraus ableitete und auf das Evangelium anwandte. Das ging schon mit dem ersten Satz los, in dem Sokrates sagt: »*Eins, zwei, drei – wo aber bleibt uns denn der Vierte, mein lieber Timaios, von denen, welche gestern bewirtet wurden, jetzt aber selber bewirten sollen?*« Das war dann Christus. Aber nicht nur das Evangelium wurde mit den Zahlen erklärt, sondern auch das Universum. Nach einem bestimmten Schema hatte Exel die Zahlen von 1 bis 666 auf mannshohe Zylinder geschrieben, und wenn ich mich recht erinnere, dann hatte er eine spiralförmige Linie um den Zylinder gezogen, welche die Zahlen 11, 22, 33 usw. miteinander verband. Auf beiden Seiten dieser Linie konnte man bestimmte Spiegelungen erkennen, aus denen man große Weisheiten schöpfen konnte. Er hatte auch eine Art von Sprachphilosophie entwickelt. Ein Beispiel: Eines Tages fiel Gott das Sein in das Nichts. Um es wiederzubekommen, mußte er es dort wieder herausschöpfen. So entstand die Schöpfung. Auch damals schon hielt ich das eher für einen gelungenen Scherz, aber bei ihm konnte man da nie sicher sein. Witzig war er nicht, aber groteske Kaspereien bereiteten ihm großes Vergnügen.

Wenn ich nicht gerade eingeweiht wurde, arbeiteten wir: ich an meinen ersten Erzählungen, er an der Esoterik. Seine Frau, die übrigens nicht viel mit seiner Lehre anfangen konnte, erzählte mir, daß, als Exel einige Jahre zuvor seine erste große Inspiration hatte, überall im Zimmer die Tassen und Teller angefangen hatten zu tanzen und zu klirren. Mir war so etwas nie passiert; und manchmal stellte er sich hinter mich, las ein paar Sätze und fragte:

»Glaubst du die Menschen damit glücklich machen zu können?«

Ich sagte, ich wisse es nicht, aber das sei auch nicht der Grund meines Schreibens. Das konnte er nicht verstehen. Alles, was nicht unmittelbar der Erlösung diente, war für ihn verschwendete Arbeit.

Abends schleppten wir die Zylinder zur Straßenbahn, um irgendwo in einem kleinen Saal oder einer Privatwohnung einen Vortrag zu halten. Nach einiger Zeit übernahm ich es, seinen Vortrag einzuleiten, und ich gäbe einiges für eine Tonbandaufnahme meiner Ansprachen. Nach dem Vortrag pflegten wir uns an Damen aus dem Publikum ranzumachen – das heißt, er nur dann, wenn seine Gönnerinnen nicht da waren, denn die durfte er natürlich nicht vor den Kopf stoßen. Allerdings tauchte eines Mittags die Polizei in unserem Haus an der Amstel auf: Ein Mädchen hatte Anzeige erstattet und ihn beschuldigt, er habe sie hypnotisiert und anschließend vergewaltigt. Einen kurzen Moment stand Exel völlig regungslos da, dann fiel er mit einem gewaltigen Schrei vor den Polizeistiefeln auf die Knie und brüllte:

»Sie wissen ja nicht, in welcher Arbeit ich stehe! Lilith! Lilith!«

Wenn wir keinen Vortrag halten mußten, besuchten wir manchmal andere Propheten und Zauberer. Ich erinnere mich an einen Besuch bei einem Mann, der die Reinkarnation von Empedokles war und der auch Lesungen veranstaltete. Irgendwann bekamen die beiden Streit. Empedokles warf Exel vor, daß er ihm sein Publikum stahl.

»Du sollst die Finger von meinen Damen lassen«, sagte er.

»Deine Damen?« sagte Exel »Deine Damen?«

»Natürlich, meine Damen!«

»Seine Damen«, wandte Exel sich nun in höhnischem Ton an mich. »Hast du das gehört? Seine Damen.« Er grinste wie ein Hanswurst und wackelte, die Augen halb geschlossen, mit dem Kopf auf seinem langen Hals.

»Schuft!« rief Empedokles, stellte seine Teetasse ab und erhob sich aus dem Sessel. »Und sowas nennt sich Bruder.«

Exel schlug mit der flachen Hand auf den Tisch und stand ebenfalls auf, gerade wie ein Fahnenmast.

»Ja, so nenne ich mich! Laus! Insekt! Spring doch wieder in deinen Vulkan, wo du auch hingehörst! Uns reichen deine Pantoffeln!«

Laut lachend gingen wir kurze Zeit danach durch die Stadt.

Manchmal war es auch weniger lustig. Eines Nachts – seine Frau hatte ihn schon verlassen – hatte ich einen Alptraum: ich saß in irgendeiner Küche mit meinen Knien gegen die Knie von jemand anderem, dem ich die Schuld an irgend etwas gab. Dann kam es, etwas in der Luft, das Unheil kam, aber ich achtete nicht darauf. Auf irgend etwas wartete es noch. Schäumend vor Entrüstung stand ich plötzlich von meinem Stuhl auf und trat meinem Gegenüber kräftig mit der Ferse gegen die Brust. Dann war es da. Vor meinen Augen brach es aus, die Küche, die Welt bestand nur noch aus den schwarzen Strömen der Angst, des Todes. Ich schrie. Als ich meine Augen öffnete, saß ich aufrecht im Bett, die Straßenlaternen warfen ihr Licht an die Zimmerdecke. Ein paar Meter weiter saß auch Exel aufrecht in seinem Bett, auch er schrie, und wahrscheinlich klirrten in dem Moment tatsächlich die Tassen auf ihren Untertassen.

Oft aber war er nachts nicht zu Hause. Wenn er seine Baskenmütze aufsetzte, war es wieder mal soweit. Was er dann anstellte, wußte ich nicht, er tauchte erst am nächsten Morgen wieder auf, sah verwahrlost aus, und auf Fragen antwortete er nicht. Erst mit der Zeit wurde mir durch seine vagen Andeutungen klar, daß diese Nächte seiner wirklichen, geheimen Lehre gewidmet waren, über die er keine Vorträge hielt und die auch wenig mit Zahlen zu tun hatte. Das war ein System mit gnostischen Zügen: Das einzige Glied, das den Menschen mit Gott verbindet, ist der Teufel – deshalb kann man auch nur über den Teufel zu Gott kommen. Exel verriet nicht mehr, als daß er an den schrecklichsten Orten die fürchterlichsten Dinge tat, um dieses Ziel zu erreichen. Ich war sehr neugierig, denn hier konnte ich offensichtlich genau das finden, was ich bei den Rosenkreuzern so vermißt hatte. Aber er nahm mich nicht mit und verriet weiter auch nichts. Wenn er es getan hätte, dann könnte ich jetzt vielleicht einen Bericht wie den des Epiphanios aus dem Jahr 335 liefern.

Als Epiphanios im Jahr 335 so alt war wie ich 1947 (wie doch die Zeit vergeht!), kam er in Kontakt mit einer ägyptischen Sekte. Die Mitglieder schliefen alle miteinander, aber den Samen fingen sie auf, opferten ihn Gott und aßen ihn, wobei sie sangen, daß dies der Leib Christi sei. Das gleiche taten sie mit dem Menstruationsblut der Frauen: das war das Blut Christi. Wenn unerwarteterweise eine Frau schwanger wurde, warteten sie, bis sie den Embryo mit der Hand greifen konnten, dann zogen sie ihn heraus und zerstampften ihn in einem Mörser, fügten Honig und Pfeffer zu, setzten sich im Kreis um den Mörser herum und kommunizierten, wobei sie sich ihrer Finger bedienten, von dem Kind.

Dergleichen wird in Amsterdam aber recht selten vorgekommen sein – das gab es bis vor kurzem nur noch in den antisemitischen Horrorgeschichten, mit denen die Christen diese Riten einer christlichen Sekte den Juden in die Schuhe geschoben hatten.

Aber alles hat ein Ende, und eines Tages lag ein Brief der Stadtverwaltung im Kasten: das schimmelige Haus sollte abgebrochen, der Sumpf trockengelegt und eine Einrichtung für Kinder gebaut werden (»Das Heinzelmännchenhaus«, das heute dort noch immer steht). Ich half Exel noch bei seinem Umzug in die Innenstadt – aber danach verließ ich ihn. Auch bei ihm hatte ich nicht gefunden, was ich suchte: *das System*. Älter noch als meine Leidenschaft für den Okkultismus ist meine Leidenschaft für die Logik. Als mein Vater, kurz nach der Befreiung von den Nazis, verhaftet wurde und ich allen Grund hatte anzunehmen, daß unser ganzer Hausrat gestohlen werden würde, brachte ich zuerst einige meiner Sachen bei einem Freund in Sicherheit: unter anderem meine Bücher über Logik. Auch während des okkultistischen Durcheinanders bei Exel fuhr ich jede Woche nach Leiden, wo Professor H. A. Kramers im Stadttheater im Rahmen des Studium generale eine Vorlesung über Logik hielt. Das Okkulte, das Dunkle sollte gerade mit neuen Mitteln der Logik *erhellt,* »entokkultet« und vernichtet werden. Dafür war es aber notwendig, daß man, statt eingebildet um das Okkulte herumzugehen, wie es die vernünftigen Leute taten, in die Finsternis *hineinging*, denn *in* dieser Finsternis mußte das Licht entzündet werden.

Exel hat das wohl gewußt, denn in dem Exemplar von Platons *Staat*, das er mir zum Geburtstag schenkte, verweist er in seiner Widmung auf eine angestrichene Stelle am Ende des zwölften Kapitels:

»Also dieses, o Glaukon, ist nun wohl die Melodie oder der Satz selbst, was die Dialektik ausführt?«

Bei meinem Weggang brauchte er mich vermutlich als

Schüler mehr denn ich ihn als Lehrer. Er hatte, so glaube ich, sich vorgestellt, ich könnte seine Lehre aufschreiben und ihr Form geben, wozu er selber nicht in der Lage war. Ich denke nicht, daß es mir gelungen wäre, ihm klarzumachen, daß er nicht weitergekommen war als seine Brüder im Geiste, die von den Kirchenvätern ausgerottet worden waren. Auch seine Lehre war nichts anderes als die archäologisch mehr oder weniger interessanten Reste des alten Bauwerks unter dem heutigen. Und in diesen alten Fundamenten und Ruinen des Christentums konnte man nicht mehr wohnen.

Nachdem ich Jahre später (in *Fraß für Psychologen*) einen kurzen Abschnitt über ihn geschrieben hatte, grüßte er mich nicht einmal mehr. Im Zuge der Okkultismuswelle der 60er Jahre verlor er, soweit ich weiß, auch die kleine Schar seiner Anhänger. Der Okkultismus präsentierte sich nun mit einem Riesenangebot an Büchern und Zeitschriften, in kommerzialisierter Form. Okkultistische Großindustrielle wie Pauwels und Bergier verdrängten die kleinen Handwerker, wie Exel einer war, vollständig vom Markt, und eine Zeitschrift wie »Bres-Planète« wurde zu einem populären Massenblatt, einer Art »Bild-Zeitung« für das Unterbewußtsein. Zu meiner Zeit mußte ich mich noch mit allerlei obskuren Schriften behelfen, die ich in Antiquariaten auftrieb und die noch aus der vorigen Okkultismuswelle während der 20er Jahre stammten oder aus der vor-vorigen der 1890er Jahre. Egal, welche Verrücktheiten man sich jetzt ausdachte, es gab garantiert schon ein Buch zu diesem Thema. Sämtliche Bücher, die in den Kellern des Vatikans lagerten, waren offensichtlich von Johannes XXIII. verramscht worden, und nun hatte die ganze Esoterik nichts Esoterisches mehr. Hinzu kam noch, daß die nach Einweihung sich verzehrenden jungen Leute nun finanziell dazu in der Lage waren, persönlich zu den Gurus im Himalaja zu reisen. Die Beatles brachten sich sogar einen Maharishi mit nach Hause und zeigten ihn überall herum. Und wer von seinem Chef nicht die Erlaubnis bekam zu verreisen, der schluckte einfach ein Piece und sah dann auch die Spiegelungen auf beiden Seiten der Linie, die die Zahlen der Elferreihe miteinander verband.

Erst kurz vor seinem Tod sprachen Exel und ich wieder miteinander. Er sagte damals:

»Das ganze Universum ist ein großer Haufen Scheiße, und was aus meiner Seele wird, das ist mir auch scheißegal.«

Jetzt saß ich, zwanzig Jahre nachdem ich bei der Einrichtung mitgeholfen hatte, wieder in seinem Haus, mir gegenüber die Frau, mit der er die letzten Jahre seines Lebens geteilt hatte. Im Schrank standen immer noch dieselben Bücher. Ich sagte nichts, meine Kehle war wie zugeschnürt. Ich hatte keine Ahnung, worauf sie hinauswollte. Vielleicht wollte sie, daß ich mich doch noch um die nachgelassenen Schriften kümmerte. Vielleicht suchte sie aber auch nur die Gesellschaft eines Menschen, der ihren Mann gut gekannt hatte. Nach fünf Minuten wurde mir alles zuviel, und ich stand auf. Mir war außerdem wieder eingefallen, daß sehr bald der Teppich geliefert werden würde – und während das Teewasser, das sie aufgesetzt hatte, noch warm wurde, war ich schon wieder draußen: mit dem Gefühl einer großen Befreiung.

An der Ecke, an der ich mich von ihnen verabschiedet hatte, begegnete ich meiner Tochter und ihrer Mutter wieder – und wie am Ende eines Films aus den 50er Jahren schienen die Geigen aus dem Finale des 2. Klavierkonzertes von Rachmaninow zu ertönen.

Aber diese Coda bedeutete in keiner Weise, daß der Tag nicht noch weitere Botschaften für mich in petto hatte. Ich trug meine Tochter die Treppe hinauf, berichtete von meinem kurzen Besuch im Hause Exel, schlug mein neues Buch auf und wollte gerade lesen, als es an der Tür klingelte. Der Mahal wurde geliefert. In der Zwischenzeit war auch die Post gekommen, und unten lag ein Brief auf der Matte. Der Lieferant, den Teppich geschultert, bückte sich nach dem Brief und hob ihn auf. Während er die Treppe raufkam, ging ich rasch ins Zimmer und erzählte, daß ich einen Teppich gekauft hatte, und begann, die Möbel an die Seite zu rücken. Mit dem Strich in die richtige Richtung wurde der Teppich ausgerollt; das Zimmer hatte mit einem Schlag ein völlig anderes Aussehen, und als alles wieder auf seinem Platz stand, war das erste, was ich auf dem neuen Teppich tat: den Brief lesen.

Der Brief kam aus Berlin. Martha war tot.

Und wieder saß ich auf der Rutschbahn dieses Tages und glitt zurück in die Vergangenheit, diesmal noch weiter zurück als vorher. Martha kannte ich, solange ich denken kann. Als ich, im Jahr 1932, fünf Jahre alt war, muß sie ungefähr Anfang Zwanzig gewesen sein, etwa so alt wie meine Mutter, ein oder zwei Jahre jünger vielleicht. Sie war eine Deutsche und arbeitete beim Friseur um die Ecke, der mit ihrer ältesten Schwester verheiratet war. Diese Schwester war eine Freundin unserer Haushälterin Frieda. Meine Erinnerung an sie, Marthas Schwester, beschränkt sich auf eine Situation: Sie liegt im Kindbett, zugedeckt bis zum Kinn, den Oberkörper unbequem aufgerichtet, ich stehe da, Frieda hält meine Hand, schaue und frage, warum sie im Bett liegt. Weil der Storch sie ins Bein gebissen hat, sagt Frieda – und noch heute habe ich die scheußliche Wunde in ihrem linken Schenkel vor Augen, die ich damals sah, und die ich erst vierzig Jahre später, leicht verschoben, wirklich sehen sollte, als meine Tochter daraus auftauchte.

Es dauerte nicht lange, bis Martha die Geliebte meines Vaters wurde. Wie die Verhältnisse in meiner Familie damals waren, kann ich nicht genau sagen, aber ich könnte mir vorstellen, daß auch meine Mutter ihre Heiratsurkunde nicht immer in der Handtasche trug. Außerdem gibt es eine ganze Reihe von Fotos, auf denen meine Mutter und Martha, beide gut gelaunt, gemeinsam zu sehen sind, ich in ihrer Mitte – weiß der Himmel, welche Verrücktheiten sich damals abgespielt haben. Als meine Eltern sich 1936 trennten, blieb ich bei meinem Vater, und Martha besuchte uns auch weiterhin. Das wiederum mißfiel natürlich Frieda, denn die kleine Schwester ihrer Freundin nahm nun plötzlich eine Machtposition ein, die sie ihr nicht zugestehen konnte. Sie selber hatte die älteren Rechte, sie war von meinen Eltern mit Haus und allem Drum und Dran von den Vorbesitzern übernommen worden, und natürlich war auch sie in meinen Vater verliebt, aber: Die Ehe war heilig, meine Mutter gehörte also nicht zur Konkurrenz. Nun aber hatte mein Vater nur ein *Verhältnis* mit einem jungen Mädchen, das demnach eine Hure war, er war ein Lump und sie selber die Repräsentantin des in den Schmutz getretenen Anstands. Das war der Zeitpunkt, an dem die Verhältnisse bei uns zu Hause anfingen, aus dem Ruder zu laufen. Zunächst bemerkte ich nichts davon, jedenfalls nicht bewußt. Ich war neun Jahre, mein Vater war so alt, wie ich heute bin, und Marthas Anwesenheit war selbstverständlich – so wie die meines Dackels. Aber für meinen Dackel empfand ich eine ideelle Liebe, deren Vorbild Platon geschaffen hat, während Martha von einer Aura ganz anderer Art umgeben war. Sie war schön, sie war der ersten

Frau von Exel recht ähnlich. (Als ich sie meinem Vater vorstellte, nachdem er aus dem Gefängnis entlassen worden war, bemerkte ich einen merkwürdigen Blick in seinen Augen, so daß *mir* plötzlich klar wurde, daß sie Martha ähnlich sah – ihm war das vermutlich nicht klar, er sah in ihr nur, was er früher in Martha gesehen hatte.)

Ich öffne die Badezimmertür, in der Wanne hockt Martha und wäscht den Dackel. Sie ist nur mit einem Höschen und einem BH bekleidet. Ich weiß nicht, was los ist, weiß plötzlich weder aus noch ein. Sie schaut auf und lacht mir zu, ich verdrücke mich schnell.

Martha sitzt am Eßtisch und liest, ich hocke unter dem Tisch. Ich hocke unter ihrem Buch, wie ein Rezensent, und starre völlig regungslos auf ihre Schamgegend. Daß sie die Beine spreizt, obwohl sie weiß, daß ich unter dem Tisch hocke, wird mich erst später erregen: Jetzt schaue ich mir nur das an, was zu sehen ist. Nicht viel eigentlich, aber für mich reicht es: ihre Schenkel, ihr Höschen, aus dem ein paar Härchen hervorlugen. Wie unter Hypnose strecke ich langsam meinen Arm nach vorne, bis die Spitze meines Zeigefingers auf dem Rand ihres Stuhles liegt, nur ein paar Millimeter von ihrem Geschlecht entfernt, das als leichte Wölbung sichtbar ist. In meine Aufregung mischt sich langsam die Angst, sie könnte plötzlich die Beine übereinanderschlagen, aber auch sie bleibt bewegungslos sitzen. Nicht einmal mehr die Seiten in Gustav Freytags *Soll und Haben* werden umgeblättert, denn sie schaut natürlich auch fasziniert auf den Finger, der da auf dem Rand ihres Stuhles erschienen ist.

Erst als mein Vater während des Krieges eine neue Freundin anschleppte, wurde mir bewußt, daß ihre Anwesenheit nicht selbstverständlich war. Obwohl sie die Hälfte ihres Lebens in den Niederlanden verbracht hatte, ging sie gegen Ende des Krieges vorsichtshalber zurück nach Deutschland.

Sechs oder sieben Jahre später – meine Irrungen und Wirrungen mit Exel lagen schon hinter mir – saß sie plötzlich bei Frieda in der Küche. Mein Vater hatte sie allem Anschein nach förmlich begrüßt und sich dann auf sein Zimmer zurückgezogen. Ich war inzwischen Anfang Zwanzig, und als ich sie da sitzen sah – die Klinke der Küchentür hatte ich noch in der Hand –, wußte ich, daß ich mit ihr schlafen würde, und ich wußte auch, daß sie wußte, daß ich es wußte und gleichzeitig, daß sie wußte, daß ich wußte, daß sie es wußte. Sie hatte sich nicht verändert, und als Frieda nach oben ging, um meinem Vater Kaffee zu bringen, verabredete ich mich sogleich für abends um halb eins mit ihr. Sie lächelte und nickte. Darauf sagte ich, daß ich es eilig hätte und verließ das Haus, noch ehe Frieda wieder in der Küche war.

Ich hatte es eilig – aber anders, als ich es sie glauben machen wollte. Es war fünf Uhr. Jede Stunde erschien mir wie ein ganzer Tag. Ich wünschte mir einen transtemporalen Bulldozer, mit dem ich die Zeitmauer, die mich von der verabredeten Zeit trennte, hätte durchbrechen können. Ich ging durch den Garten auf die Straße. Meine Erektion fiel nicht auf, da wir damals noch weite Hosen mit Bundfalten trugen. Ich ging in die Stadt, es wurde halb sechs, Berufsverkehr. Es war, als ob mein Körper irgendwo eingeklemmt wäre: in die Zeit. Um sechs rief ich an und gab Bescheid, daß ich zum Essen nicht zu Hause sein würde. Frieda schimpfte, daß ich ein ungezogener Bengel sei, nicht einmal ein paar Minuten hätte ich mich mit Martha unterhalten, obwohl ich sie jahrelang nicht gesehen hätte. Aber der Apfel falle ja schließlich nicht weit vom Stamm, und mein Vater habe sich auch gleich verdrückt. Vor lauter

Aufregung hatte ich das Gefühl, mich übergeben zu müssen. Was macht man in einer solchen Lage um halb sieben, um sieben und um halb acht in einer Provinzstadt zu Beginn der fünfziger Jahre? Es war zum Verzweifeln! Die Straßen waren leer, die Kneipen wie ausgestorben, ich bummelte durch die Stadt, betrachtete Schaufenster, ohne die Auslagen wahrzunehmen, gelangte in abgelegene Straßen, durch die ich zuletzt vor Jahren gegangen war: während des Krieges, wenn ich die Schule schwänzte. Nachdem es dunkel geworden war, kam ich an meinem Geburtshaus vorbei, dann auch an dem Haus, wo Marthas Schwager seinen Friseursalon gehabt hatte und seine Frau vom Storch ins Bein gebissen worden war. Der Friseur war auch nach Deutschland geflohen. Jede Minute sah ich auf meine Uhr, ich war viel zu ungeduldig, als daß ich mich irgendwo hätte hinsetzen können, und an einen Besuch bei Freunden oder an Kino war gar nicht zu denken. Um halb neun umschlich ich unser Haus: In der Küche und im Zimmer meines Vaters brannte Licht. Er hatte gegessen, ich sah seinen Hinterkopf, und er las nun wohl Schopenhauers *Aphorismen zur Lebensweisheit* oder vielleicht auch in seinem Missale. Wenn sie nur rechtzeitig zu Bett gingen! Wenn sie nur schnell einschliefen! Der Weg zurück in die Stadt dauerte glücklicherweise eine weitere halbe Stunde. Langsam wurde ich müde, aber ich verspürte nun auch etwas Hunger, und um neun Uhr stieg ich die Treppe zum örtlichen Künstlerclub »Teisterbant« hinunter. Das Lokal war unerwarteterweise voll von Menschen und Lärm, alle krümmten sich vor Lachen über eine Rede, die der Vorsitzende soeben hielt. Da er mit dem Gesicht zum Eingang gewandt stand, war er der erste, der mich sah, und mit schielenden Augen warf er mir durch seine Brillengläser einen schalkhaften Blick des Einverständnisses zu. Ich atmete auf, hier konnte ich die Zeit totschlagen. Auf zwei kleinen Marmortischen lag, links und rechts von Kandelabern mit brennenden Kerzen flankiert, ein Mann auf dem Rücken: ein Bewerber um die Mitgliedschaft – und er bekam zu hören, wie sein Leben nach einer möglichen, wenn nicht gar wahrscheinlichen, ja sogar praktisch sicheren Ablehnung verlaufen würde: seine Kinder würden nach einiger Zeit leugnen, daß er ihr Vater sei; seine Frau würde eine immer stärkere Zuneigung für jemanden entwickeln, der sehr wohl Mitglied von »Teisterbant« war; seine Nachbarn würden auf der Straße einen Bogen um ihn machen; sein Chef würde keine Arbeit mehr für ihn haben; und zu guter Letzt würde er seinen letzten Atemzug unter einer Brücke tun, über die die Mitglieder von »Teisterbant« sich just in ihren Club begaben. Es wurde halb zehn. Bis halb elf hockte ich an der Bar, dann hielt ich es nicht mehr aus. Um elf trat ich aus dem Gebüsch und schlich wieder um unser Haus: Das Licht im Zimmer meines Vaters war aus, aber in der Küche saß Frieda noch und starrte mit verschränkten Armen, eine Zigarette zwischen den Lippen, vor sich hin. Vielleicht hörte sie Radio. Ich spazierte in der dunklen Gasse hinter dem Haus auf und ab. Um halb zwölf war in allen Häusern das Licht aus, nur aus Friedas Küche fiel noch ein heller Fleck auf den Rasen im Garten. Um zwölf Uhr stand sie schwerfällig auf, schaltete das Licht im Flur an, das in der Küche aus, und schloß hinter sich die Tür. Sie hatte also nicht Radio gehört, sondern über irgend etwas nachgedacht. Mein Herz klopfte. Kurze Zeit später ging auch das Licht im Flur aus und das in ihrer Mansarde an. Alles verlief nach Plan. Nicht auszudenken, wenn sie erführe, was jetzt geschah. Ich ging in den Garten, holte einen Liegestuhl aus der Garage und setzte mich auf die Terrasse. Es war kühl und still, im Nachbargarten rauschten die zwei Pappeln. Über den Dächern hing die Glut der Stadt. Ich zündete mir eine Zigarette an und schwamm wieder im Strom der Zeit – und plötzlich stand sie in der Nacht: eine dunkle Gestalt am Ende des Gartens. Ich hatte sie nicht kommen hören, da ich auf das Geräusch sich nähernder Pumps gewartet hatte, während sie schon da war. Sie rührte sich nicht. Auch ich blieb bewegungslos sitzen. Obwohl weder sie mein Gesicht noch ich das ihre sehen konnte, sahen wir uns an. Vielleicht wäre es das Schönste gewesen, wenn sie in diesem Augenblick langsam weggegangen wäre und ich sitzen geblieben. Aber das wäre des Schönen zuviel gewesen, denn dann wäre ich aufgesprungen und hätte sie zwischen den Büschen vergewaltigt. Im übrigen ging sie auch nicht weg. Ich stand auf. Es war so still, daß ich ihre Schritte im nassen Gras hörte. Als sie die Terrasse betrat, wollte ich sie gleich küssen, aber noch verspürte ich ein Widerstreben, nicht bei ihr, bei mir, und ich ließ es bleiben. Da wir beinahe unter dem Zimmerfenster meines Vater standen, legte ich einen Finger auf die Lippen – denselben, der früher einmal auf dem Rand ihres Stuhles gelegen hatte. Wir gingen durch die Garage ins Haus. Weil ich kein Licht machen wollte, strecke ich meine Hand nach hinten, die sie, mit Händen, die wärmer waren als meine, faßte. Alles geschah mit einer großen Selbstverständlichkeit, offensichtlich hatten wir seit vielen Jahren eine Verabredung. Auf der Treppe zum Dachboden, als die größte Gefahr überstanden war, ließ ich sie vorgehen und versuchte, im Gleichschritt mit ihr hinaufzugehen, so daß es sich für lauschende Väter und Erzieherinnen so anhörte, als ob nur einer nach oben ginge. Endlich in meinem Zimmer angekommen, drehte ich laut aufatmend den Schlüssel um und rollte mich im Bett auf sie.

In dem Moment, als die Anspannung aus mir wich,

wurde ich mit einem Schlag betrunken, mit Sprach- und Gleichgewichtsstörungen und allem Drum und Dran. Aus Höflichkeit schaltete ich nicht das elektrische Licht an, sondern zündete eine Kerze an, dann entledigte ich mich meiner Schuhe und fing an, sie auszuziehen, wobei ich darauf achtete, mich im gleichen Tempo zu entkleiden, um ihr Peinlichkeiten zu ersparen. Nur eine Art Hemd oder Hemdchen wollte sie plötzlich anbehalten. Mit einem Trick, der nur für Frauen und Topologen kein Geheimnis ist, und bei dem Schultern sich hin und her bewegen, Ellenbogen hoch und runter gehen, zog sie aber noch ihren BH, den sie darunter trug, aus; auch einen Träger wollte sie noch abstreifen, vielleicht um so zu zeigen, daß sie das Hemd nicht anbehielt, um ihre Brüste vor mir zu verbergen. Dabei blieb es dann aber auch. Hatte sie eine Narbe? Von einer Wunde, die mein Vater ihr während meiner Kinderzeit zugefügt hatte, als ich in meinem Bett schlief, wie er jetzt in seinem? Wie ein Frosch hüpfte ich auf Martha drauf und in sie rein, und offensichtlich verlor ich alle Hemmungen, denn ich kam erst wieder zu Bewußtsein, als Frieda wild gegen die Wand hämmerte. Sie rief, daß ich ruhig sein sollte, daß ich ein Schwein sei und welche Hure ich nun schon wieder angeschleppt hätte. Wir kicherten leise im Kerzenschein, Martha und ich, und ich flüsterte:

»Wieso passiert all das erst jetzt? Wieso hast du mich nicht verführt, als ich ein kleiner Junge war? Das ist nicht wiedergutzumachen!«

»Wieso bist du nicht zu mir gekommen?«

»Das ist das Problem, mein alter Fehler. Ich bin zu schüchtern.«

Ein paar Jahre später, 1956, sah ich sie wieder. Ich war zu einem literarischen Kongreß in die DDR eingeladen worden und mußte mich in Ost-Berlin melden. Seit einem

Kurzurlaub, den ich als Kind mit Frieda in der Stadt gemacht hatte, war ich nicht mehr dort gewesen. Hitlers Grabmal, die Mauer, gab es damals noch nicht, und ich war einen Tag früher angereist, um mir auch West-Berlin anzusehen. Nach dem Essen machte ich mich auf den Weg zu Martha, die mir ihre Adresse gegeben hatte. Aber dort wohnte sie nicht mehr, und es stellte sich heraus, daß sie an das andere Ende der Stadt gezogen war, wo ich erst spätabends ankam. Sie sah jetzt viel älter aus und erinnerte mich an ihre Schwester. Ich mußte ihr berichten, daß zwei Monate zuvor Frieda gestorben war. Sie sagte nichts, zog ihren Mantel an und verließ das Haus. Nun waren ich und ihre Freundin, mit der sie zusammenlebte, allein. Sie war etwas jünger als Martha und nicht besonders hübsch, strahlte aber die Anziehungskraft aus, die deutsche Frauen infolge erblicher Belastung nun mal auf mich ausüben. Als Martha nach Hause kam, lagen wir bereits im Bett. Niemand sagte ein Wort. Martha zog sich aus und ging auch zu Bett, im gleichen Zimmer. Als sie das Licht gelöscht hatte, und nachdem es noch viel stiller geworden war, sagte sie:

»Du solltest herkommen.«

Das fand ich eigentlich auch, obwohl ich nicht viel Lust dazu hatte. Als ich nackt mitten im Zimmer zwischen den beiden Betten stand, überlegte ich, ob wir nicht die Matratzen auf dem Fußboden nebeneinanderlegen sollten, um zu dritt etwas zu unternehmen. Es waren schließlich im Lauf der Geschichte schon merkwürdigere Dinge in Berlin passiert. Aber aus irgendeinem Grund hielt Friedas Tod – und nicht Marthas emotionale Reaktion darauf – mich davon ab, diesen Vorschlag zu machen, wenn auch Frieda durch meine Askese nicht wieder zum Leben erweckt wurde.

Am nächsten Tag brachte Martha mich mit der S-Bahn in den Ostsektor, den sie vorher aus Angst nie betreten hatte. Die Stalinallee gefiel ihr. Dort, im Café Budapest, verabschiedete ich mich von ihr – für immer. Am 4. November 1972 schrieb mir ihre Freundin, daß sie gestorben war.

Nun spielte mein Kind zu meinen Füßen auf dem neuen Teppich, den es angenehmer finden mußte als die alte, harte Kokosmatte darunter – und niemand aus dieser Welt weiß von seiner Existenz: Martha nicht, Frieda nicht, Exel nicht und mein Vater nicht. Nur meine Mutter.

2 Wilhelm Reich – ungebrochen, ganz

Ouspensky, Freud, Jung

Wenn man nicht nur über Theorien schreiben will, sondern auch über den Mann, der diese Theorien aufgestellt hat, dann ist es nicht mehr als fair, daß man auch über sich selbst berichtet – so weiß jeder, wer was über wen sagt. Wenn dann noch hinzukommt, daß es um einen Psychologen geht, und man sich, so wie ich, des öfteren abschätzig über die Psychologie geäußert hat, dann darf der Leser verlangen, daß man sich selbst erst einmal vorstellt. Allen, die mich nicht kennen, habe ich darum soeben etwas über mich erzählt, und das Material dafür habe ich nicht ausgewählt und manipuliert, sondern es wurde von einer unvoreingenommenen Mitarbeiterin ausgewählt: der Wirklichkeit jenes 4. Novembers 1972.

In keinem Fall kann man, wenn man über einen Mann wie Reich schreibt – der auch an diesem Tag in mein Leben trat –, sich als *Richter* aufspielen. Und doch haben dies praktisch all seine Kommentatoren bis heute getan: Sie verschweigen zwar nicht ihren Namen, aber psychologisch bleiben sie anonym, und anonyme Schriften, das weiß jeder, sollten ungelesen im Papierkorb landen. Nur in der Logik, in der Mathematik und in den Naturwissenschaften ist die Wahrheit anonym, das heißt: objektiv gültig. Wenn es um Menschen und um Meinungen geht, dann kann es so etwas wie Wahrheit nur geben, wenn man das Gesicht und den Klang der Stimme des Sprechers mitgeliefert bekommt – und selbst dann noch wird nur der eine Hörer ihr zustimmen, der andere aber nicht.

Reich bedeutet für mich eine Leseerfahrung, wie ich sie lange nicht mehr gemacht hatte. Ich spreche jetzt nicht von meinen Erfahrungen mit Dichtern und Romanautoren, die ich vorhin schon erwähnte, sondern von denen mit Theoretikern. Ouspensky erwähnte ich bereits, und nun komme ich auf Freud zu sprechen. Freud las ich zur gleichen Zeit wie Ouspensky. Alle paar Wochen stahl ich in einer Buchhandlung einen der unbezahlbaren blauen Bände der Imago Publishing Company, las ihn und besorgte mir den nächsten. Beiden Autoren stimmte ich in gleichem Maße zu: Sie schienen einander nicht auszuschließen. Nun muß ich allerdings zugeben, daß Widersprüche mich nie besonders gestört haben, und das tun sie bis heute nicht. Im Gegenteil, ich liebe Widersprüche. Paradoxa zähle ich zu meinen besten Freunden. Menschen, deren größte Sorge es ist, ihre Meinungen widerspruchsfrei zu halten, sind in meinen Augen nicht nur Kleingeister, sondern auch Dummköpfe, denn ihre Meinungen eignen sich vielleicht für eine derartige Vorgehensweise, nicht aber die Wirklichkeit. Die Sehnsucht nach dieser einfachen Art von Harmonie gehört ins Paradies, in diese oder jene andere Welt, die es vielleicht geben müßte, die es aber nicht gibt, denn die Wirklichkeit ist überhaupt nur in Widersprüchen *faßbar*. Ich sage nicht »Gegensätze« wie die Okkultisten und Marxisten, sondern *Widersprüche*. Das Dümmste, was es gibt, ist ein modernes Lehrbuch für formale Logik. Eine metadialektische Logik, die die Regeln des wahren Denkens beinhaltet, gibt es noch nicht – aber was nicht ist, kann ja noch werden: das *Lachen* der Logik, in dem der Widerspruch sich löst, ohne sich aufzulösen, in dem nur das Principium contradictionis untergeht.

Die Freud-Lektüre hat mich davor bewahrt, allzu tief im Höheren zu versacken. Noch in den Jahren um 1947, nach

Ouspensky und Freud, beschäftigte ich mich mit Jung. Jung war für mich nicht eine Art von Synthese, in der sich sowohl Ouspensky als auch Freud vereinigten – wie für viele Jungianer –, nein, jeder blieb in seiner Wahrheit unangetastet neben dem anderen bestehen. Ich schrieb Zusammenfassungen von Freuds *Totem und Tabu* und von Jungs *Die Beziehungen zwischen dem Ich und dem Unbewußten*, die ich in der Hoffnung, mit der Übersetzung dieser Bücher Geld verdienen zu können, an verschiedene Verlage sandte. Aber niemand interessierte sich dafür. Mit Adler habe ich mich nie beschäftigt; wohl aber, viel später und weniger intensiv, mit Teilhard de Chardin, um auch den noch zu nennen, fand ihn aber unlesbar; McLuhan, auch so einer von der Sorte, war amüsant, aber auch ihn habe ich nie zu Ende gelesen. Ich glaubte ihm auch so.

Meine großen Leseerfahrungen – Ouspensky, Freud, Jung – waren ausschließlich Schriftsteller, die ich dubios fand und zu denen ich immer ein ambivalentes Verhältnis hatte. Für die anonymen Verkünder der objektiven Wahrheit, die Herren der Wissenschaft, hatte ich nie etwas übrig. Reich, von dem ich inzwischen alles gelesen habe, was ich in die Finger bekommen konnte, bildet da keine Ausnahme.

Die schwarze Schlammflut des Okkultismus

Freud und Jung lernten sich 1907 kennen. Freud war zu dem Zeitpunkt 51 Jahre, Jung 32. Die Psychoanalyse war noch so etwas wie eine Widerstandsbewegung, die im Untergrund operierte; wer sich mit ihr einließ, der mußte damit rechnen, an der Universität keine Karriere machen zu können. Für die universitäre Psychologie war Freud ein unwissenschaftlicher Spinner, der wie jeder dahergelaufene Wahrsager Träume deutete; außerdem war er ein Schwein, das sogar von unschuldigen Babys und Kindern behauptete, daß sie Sexualität hätten. Mein Vater erzählte mir, daß er so um 1905 als Kind einmal mit seinem Vater durch Wien spazierte und dieser auf dem Graben mit dem Spazierstock auf einen Herrn mit einem Spitzbart zeigte und sagte:

»Siehst du den Herrn? Das ist ein ganz böser Mann. Wenn der dir einmal Süßigkeiten anbieten sollte und dich fragt, ob du mit ihm gehen willst, dann mußt du antworten: Nein, Herr Doktor Freud, ich bin ein anständiger Junge.«

Die Psychoanalytiker der ersten Stunde bekamen später von Freud sogar einen Ring, der ihre unerschütterliche Solidarität besiegeln sollte. Aus diesem rücksichtslosen Guerillakrieg der ersten Jahre heraus muß man Freuds Radikalität und sein eisernes Aufrechterhalten der Gruppendisziplin verstehen, an der er noch lange nach dem Ende des illegalen Kampfes festhielt. Als schon kein ernstzunehmender Mensch mehr an der großen Bedeutung seiner Entdeckungen zweifelte, behauptete er noch, daß die Psychoanalyse nur deshalb akzeptiert werde, damit man sie besser vernichten könne.

Jung gesellte sich zu Freud, obwohl er damals bereits glaubte, daß auch andere Ursachen als nur sexuelle Verdrängung und Traumata Neurosen verursachen könnten – zum Beispiel Schwierigkeiten bei der sozialen Integration. Vorläufig aber konnte Freud ihn noch bei der Stange halten. Als Jung einmal fragte, ob denn etwa die ganze Kultur das morbide Produkt verdrängter Sexualität sei, antwortete Freud: »Ja, das stimmt.« Es dauerte nicht lange, bis

Jung nicht nur Redakteur des Jahrbuches wurde, sondern auch Freuds anerkannter Thronerbe. Allerdings kam es zwischen den beiden Ärzten immer häufiger zu merkwürdigen Zwischenfällen, wie man in Jungs *Erinnerungen Träume Gedanken* nachlesen kann. Einmal war er bei Freud zu Besuch und fragte ihn nach seiner Meinung über okkulte Phänomene. Der Meister hielt das alles für großen Unsinn. Während er noch dabei war, dies positivistisch zu begründen, hatte Jung das Gefühl, als ob sein Zwerchfell aus Eisen bestünde und langsam rotglühend würde. Kurz darauf hörte man einen gewaltigen Krach im Bücherschrank.

Erschrocken sahen sie einander an.

»Das ist jetzt ein sogenanntes katalytisches Exteriorisationsphänomen«, sagte Jung.

»Leibhaftiger Unsinn«, sagte Freud.

»Sie irren, Herr Professor«, sagte Jung. »Und zum Beweis, daß ich recht habe, sage ich nun voraus, daß es gleich nochmals so einen Krach geben wird.«

Er hatte kaum ausgesprochen, da krachte es schon. Entsetzt, als ob ihm jemand etwas angetan hätte, sah Freud ihn an. Dieser Vorfall, schreibt Jung, habe Freuds Mißtrauen gegen ihn geweckt.

Einige Tage später schrieb Freud Jung einen Brief, dem ich folgende Passage entnehme:

»*Es ist bemerkenswert, daß an demselben Abend, an dem ich Sie förmlich als ältesten Sohn adoptierte, Sie zum Nachfolger und Kronprinzen – in partibus infidelium – salbte, daß gleichzeitig Sie mich der Vaterwürde entkleideten, welche Entkleidung Ihnen ebenso gefallen zu haben scheint wie mir im Gegenteil die Einkleidung Ihrer Person. Nun fürchte ich, bei Ihnen wieder in den Vater zurückzufallen, wenn ich von meiner Relation zu dem Klopfgeister-*

spuk spreche, muß es aber tun, weil es doch anders ist, als Sie sonst glauben könnten. Ich leugne also nicht, daß Ihre Mitteilungen und Ihr Experiment mir starken Eindruck gemacht haben. Ich nahm mir vor, nach Ihrem Weggang zu beobachten, und gebe hier die Resultate.« Es folgt eine genaue Beschreibung von allerlei Geräuschen im Hause Freuds, für die keine psychischen Ursachen angegeben werden können. »*Meine Gläubigkeit oder wenigstens gläubige Bereitwilligkeit schwand mit dem Zauber Ihres persönlichen Hierseins dahin; es ist mir wieder aus irgendwelchen inneren Motiven ganz unwahrscheinlich, daß irgend etwas der Art vorkommen sollte; das entgeisterte Mobiliar steht vor mir wie vor dem Dichter nach dem Scheiden der Götter Griechenlands die entgötterte Natur. Ich setze also wieder die hörnerne Vater-Brille auf und warne den lieben Sohn, kühlen Kopf zu behalten und lieber etwas nicht verstehen zu wollen als dem Verständnis so große Opfer zu bringen, schüttle auch über die Psychogenese das weise Haupt und denke: Ja so sind sie, die Jungen, eine rechte Freude macht ihnen doch nur das, wo sie uns nicht mitzunehmen brauchen, wohin wir mit unserem kurzen Atem und müden Beinen nicht nachkommen können.*«

Das Vater-Sohn-Verhältnis kehrte sich öfter um. Als die psychoanalytische Bewegung sich 1910 zu einem echten avantgardistischen Stoßtrupp formierte, war Jung Vorsitzender geworden, und während des Kongresses im Jahr 1912 brachte jemand (vermutlich Karl Abraham) die Diskussion auf Echnaton, der die Bildnisse seines Vaters vernichtet hatte und dessen Stiftung einer monotheistischen Religion ein Vaterkomplex zugrunde liegen könnte. Jung erhob Einspruch: Für ihn war Echnaton ein kreativer, religiöser Mensch; andere Pharaonen hatten auch die Bilder ihrer Väter zerstört und trotzdem keine neue Religion gestiftet. In diesem Moment war Freud plötzlich bewußtlos geworden und von seinem Stuhl auf den Boden gerutscht. Jung eilte zu ihm hin, nahm ihn auf seine Arme und trug ihn zu einem Sofa im Nebenzimmer. Auf dem Weg dorthin öffnete Freud schon wieder die Augen, und diesen Blick, schreibt Jung, werde er nie vergessen: *»Aus seiner Hilflosigkeit heraus hat er mich so angeschaut, wie wenn ich sein Vater wäre.«*

Jung versucht nicht, diese Ereignisse zu deuten – aber die »anderen Pharaonen«, die auch die Bildnisse ihrer Väter zerstört hatten, waren für Freud vielleicht Adler und Stekel: seine frühesten Schüler, die außerdem hohe Ämter in der psychoanalytischen Vereinigung innegehabt hatten, und die ihn, den Primat der Sexualität verratend, schon verlassen hatten. Und Jung selbst war vielleicht Echnaton, der das gleiche tun würde, aber danach möglicherweise wirklich eine neue Religion stiftete, durch die die Psychoanalyse verdrängt werden würde.

Die Vorzeichen von Jungs Abfall waren Freud nicht entgangen, und schon ein Jahr später sollte es soweit sein. Der Weggang von Adler und Stekel war noch zu verkraften, denn die hatten sich zu der Zeit bereits festgerannt. Aber der Abfall des weitaus fähigeren Lieblingsschülers Jung konnte tatsächlich die ganze psychoanalytische Bewegung sprengen. Freuds Angst hiervor hatte ihn schon ein wenig früher eine Bemerkung machen lassen, die genau die entgegengesetzte Wirkung hatte – sie war, sagt Jung, *»ein Stoß, der in das Lebensmark unserer Freundschaft traf«*:

»Mein lieber Jung«, hatte Freud leidenschaftlich gesagt, »versprechen Sie mir, nie die Sexualtheorie aufzugeben. Das ist das Allerwesentlichste. Sehen Sie, wir müssen daraus ein Dogma machen, ein unerschütterliches Bollwerk.«

»Ein Bollwerk – wogegen?« hatte Jung erstaunt gefragt.
»Gegen die schwarze Schlammflut« – hier zögerte Freud einen Moment – »des Okkultismus.«

Mysterium Coniunctionis

Militärische Ausdrücke benutzte Freud in diesem Zusammenhang öfter. So sagte er zum Beispiel einmal, daß Jung ohne Zweifel der coming man sei, er ihn aber darauf hingewiesen habe, er müsse beizeiten seine mythologischen Forschungen einstellen, und sich wieder den Neurosen zuwenden, denn die seien das Mutterland, in dem erst einmal die Herrschaft gesichert und wo man sich gegen alles und jeden verschanzen müsse. Auch sich selbst pflegte er mit großen Feldherren, zum Beispiel Hannibal, zu vergleichen.

1913 erklärte Jung seinen Austritt. Wenn in der Psychoanalyse die Sexualität keine wissenschaftliche Hypothese wie alle anderen war, sondern ein Dogma, dann gehörte die Lehre Freuds, so Jung, selber zum Okkultismus. Offensichtlich war die Sexualität für Freud so etwas wie ein göttliches Gebot, ein neuer Jahwe, und daran wollte er sich nicht beteiligen. Jung handelte natürlich unbedacht, als er Freuds Bemerkung so wörtlich nahm. Als nach dem Ersten Weltkrieg gewisse Überlegungen es nahelegten, zögerte Freud nicht lange, den Primat des Sexualtriebs aufzugeben und ihm einen ebenbürtigen »Todestrieb« an die Seite zu stellen. Doch nirgendwo in seinen Memoiren läßt Jung die Einsicht durchschimmern, daß er sich in Freuds Dogmatismus geirrt hatte.

Es dauerte jedenfalls nicht lange, und Jung landete tatsächlich in der schwarzen Schlammflut des Okkultismus. Schon in seiner freudianischen Zeit hatte sie sich nicht nur durch das Knallen im Bücherschrank angekündigt, sondern auch in Form verschiedenster Träume. So träumte er zum Beispiel einmal von einem Haus, dessen oberes Stockwerk im Stil des Rokoko eingerichtet war, das Erdgeschoß präsentierte sich mittelalterlich, der Keller römisch, während sich darunter noch eine Grotte befand, in der die Überbleibsel einiger primitiver Tontöpfe und zwei halbverweste Schädel lagen. Dieser Traum war es, der ihn überhaupt erst auf die Idee vom »kollektiven Unbewußten« brachte: Die Geschichte der Menschheit hatte sich durch ihn hindurch zum Vorschein geträumt. Aber als er Freud von diesem Traum erzählte, interessierte den zu Jungs Verdruß nur die Frage, wessen Schädel dort wohl gelegen hatten.

Für eine solche Bemerkung könnte ich Freud um den Hals fallen, während ich gleichzeitig bereit bin, die Geschichte mit dem kollektiven Unbewußten ernst zu nehmen. Ich sehe nicht ein, wieso das eine das andere immer ausschließen muß. Jung hielt Freud für beschränkt, Freud Jung für bekloppt. Warum aber können die beiden Schädel nicht *sowohl* der von Jungs Vater und der von Freud sein, *als auch* die des kollektiven, archaischen, oder wie man es auch immer nennen will, Ur-Menschenpaares? Irgendwoher muß man sein Material doch nehmen – auch das kollektive Unbewußte. Selbst Michelangelo mußte sich seinen Marmor in Carrara besorgen. Warum war Echnaton *entweder* jemand mit einem Vaterkomplex *oder* ein erhabener Religionsstifter? Er war beides, denn nur jemand mit einem Vaterkomplex kann ein Religionsstifter werden, aber dennoch ist der Kultus eine Religion und keine Neurose. Auch ein Mensch kann nicht leben, ohne zu essen, aber dennoch ist er ein Mensch und kein Nahrungsmittel.

Bei Freud besteht der Mensch aus Nahrung, bei Jung ißt er nie. Dabei waren es gerade die Erfahrungen aus der Psychoanalyse, die gezeigt hatten, daß das Prinzip vom ausgeschlossenen Dritten (x ist A, oder x ist nicht A) nicht für die Funktionsweise des Unbewußten gilt und jede Deutung und Therapie auf der Übertretung dieses Prinzips beruht. Für Freud waren die beiden Traum-Schädel ebensowenig einfach nur zwei Schädel, wie sie es für Jung waren. Aber sobald es um die jeweilige Interpretation des Phänomens geht, tritt eben jenes Prinzip wieder in Kraft. Erklären kann man dies nur damit, daß man sich sehr darum bemühte, die Grenze zwischen dem Unbewußten und dem Bewußten möglichst deutlich zu ziehen, da sonst dem Wahnsinn Tür und Tor geöffnet worden wäre, der dann auch die ganze Lehre unter seinen Fluten begraben hätte. Der Preis, der hierfür bezahlt werden muß, ist hoch. Denn genau hier liegt der Grund dafür, daß die Psychoanalyse keine Erklärung für Erscheinungen wie Kunst und Religion liefern kann, die zwar ihren Ursprung im Unterbewußten haben, die aber keine Krankheiten sind, während Jungs analytische Psychologie gezwungen ist, dem Wahnsinn künstlerische und religiöse Züge zuzusprechen.

Orientierungslos, von seinen Freunden aus der psychoanalytischen Bewegung verlassen, stürzte Jung in eine tiefe Krise. Er glaubte, psychotisch zu werden: Monatelang verfolgten ihn Halluzinationen, Träume und Visionen, in denen Höhlen, Zwerge, Jünglinge, Skarabäen, Greise, Elias, Schlangen, Propheten, junge Mädchen, Krater, das Totenreich, der Gral, Siegfried, apokalyptische Visionen, Eiszeiten, Ängste, Seen von Blut vorkamen – und dann fiel der Schuß in Sarajewo und der Erste Weltkrieg brach aus. Es war also keine Psychose gewesen, stellte Jung fest, sondern der Durchbruch des kollektiven Unbewußten. Donner und Blitz, Bilder erscheinen vor seinem geistigen Auge, er fängt an zu halluzinieren und schreibt alles auf, er macht Yoga, um sich zu beruhigen, er hört sich Worte flüstern, in seinem Haus fängt es an zu spuken, seine älteste Tochter sieht nachts eine weiße Gestalt durch ihr Zimmer schweben, einer anderen wird, als sie im Bett liegt, plötzlich die Decke weggezogen. Jung berichtet all dies mit großem Ernst, und offensichtlich war die Lage tatsächlich ernst: Er war dabei, seine ganze Familie verrückt zu machen. Es klingelte an der Tür. Niemand draußen. Das Haus war voller Geister, schreibt er, und sie sangen im Chor:

»Wir kommen zurück von Jerusalem, wo wir nicht fanden, was wir suchten.«

Danach machte er sich an die Niederschrift von *Septem sermones ad mortuos*, einem mystischen Text: »Sieben Predigten für die Toten«. Das war 1916 – zu der Zeit, als die Schlacht von Verdun tobte, füge ich hinzu. Er legte seine Professur nieder, um sich mit ganzer Kraft der Eindeichung der schwarzen Schlammflut widmen zu können, die ihm nun schon bis zum Hals stand – oder um es mit seinen eigenen Worten auszudrücken: um das Kollektiv-Unbewußte in ein System zu fassen.

Gegen Ende des Krieges zeigte sich langsam der Erfolg seiner Bemühungen. Alles, was er später noch schrieb, hat seinen Ursprung in dieser Periode. Das »historische Gegenstück« zu seiner Psychologie entdeckte Jung in der Alchimie: Der alchimistische Transmutationsprozeß war ein Abbild seiner eigenen Erfahrungen – und neben dem Aufbau seines Systems versuchte er, mit der Alchimie das zu tun, was Freud mit den Träumen gelungen war: eine Art von Psychoanalyse des Menschheits-Unbewußten. 1957, vier Jahre vor seinem Tod, schloß er diese Arbeit mit der Publikation des letzten Bandes von *Mysterium Coniunctionis* ab.

Der Anfang

In demselben Jahr starb in einem amerikanischen Gefängnis Wilhelm Reich.

Er ist der Mann, der das getan hat, was Freud einst von Jung verlangt, woran er sich selbst aber nicht gehalten hatte: die Dogmatisierung des Primats der Sexualität. Er ist der Gegenpol zu Jung, freudscher sogar noch als Freud, nachdem dieser den Todestrieb eingeführt hatte – der Calvin der Psychoanalyse. Reich zeigt auf exemplarische Weise, was passiert, wenn man den Primat der Sexualität tatsächlich so orthodox und dogmatisch auffaßt, wie Jung dachte, daß Freud ihn gemeint habe.

Wenn man Adler und Jung zur ersten Generation der Psychoanalytiker rechnet, dann gehört Reich zur zweiten. Als er 1920 Mitglied der Wiener Abteilung der Internationalen Psychoanalytischen Vereinigung wurde, war er 23 Jahre alt. Die alte Garde der ersten Generation hatte sich nach den Auseinandersetzungen mit den Renegaten damals schon zu einem »Komitee« zusammengeschlossen, dessen Mitglieder einen goldenen Ring trugen, in den eine griechische Gemme aus Freuds reichhaltiger Antikensammlung eingelegt war – ein Steckenpferd, das mit der Faszination zu tun hatte, die für ihn von Heinrich Schliemann ausging, der Troja ausgegraben hatte wie er selbst die früheste Kindheit im Unbewußten. Die Anerkennung würde nicht mehr lange auf sich warten lassen, obgleich die Psychoanalytiker in den ersten Jahren nach dem Krieg in wissenschaftlichen Kreisen noch immer für eine Gruppe von skurrilen Mystikern und nicht ungefährlichen Scharlatanen gehalten wurden. Inzwischen waren sie alle ungefähr 45 Jahre alt, Freud selbst war fast 65.

Wenn man Reichs Biographie mit dem Zeitpunkt seines

Eintritts in den psychiatrischen Maquis beginnen läßt, dann erhält man eine Kurve, die, ausgehend von einem erstaunlichen Beginn über eine geniale und immer noch revolutionäre zweite Phase, plötzlich und aus unerklärlichen Gründen in den Wahnsinn abknickt, der in den folgenden zwanzig Jahren immer tiefer wird. Wenn man aber früher beginnt, nämlich 1911, dann verschwindet die Rätselhaftigkeit aus diesem Leben und entpuppt sich als Konsequenz eines einzigen Ereignisses – als Konsequenz, die ihn in den Wahn treibt.

Geboren wurde er 1897 in Dobrzanica, Galizien, das damals ein Teil des österreichisch-ungarischen Reiches war. Bald nach seiner Geburt zog die Familie nach Juzynetz in der Bukowina, wo sein Vater ein Gut gekauft hatte. So wie alle Väter in dieser Zeit, und besonders in diesem Land, war Léon Reich der Herrscher über seine Familie. Die Mutter, Cecilia, hingegen war von anderer Art. Diese Konstellation führte 1911 zu einer Tragödie. Alles, was wir hierüber wissen, berichtet Ilse Ollendorff, Wilhelm Reichs dritte Frau. In der Biographie ihres Mannes, die sie 1969 veröffentlichte, lesen wir folgendes:

»*Es scheint nach allem, was ich aus Gesprächen mit Reich, seiner Familie und einigen intimen Freunden entnehmen konnte, kein Zweifel daran zu bestehen, daß er eine Rolle am Tode seiner Mutter gespielt hat, indem er ihr Liebesverhältnis mit einem der Hauslehrer seinem Vater verriet. Die Tatsache, daß Reich nicht imstande war, dieses Problem zu lösen, ist vermutlich ein Grund dafür, warum er niemals erfolgreich seine eigene Analyse beenden konnte. Es gab gewisse Probleme, denen er nicht ins Auge sehen konnte. Familienberichten zufolge war der Vater vom Tode der Mutter so erschüttert, daß nur der Gedanke an seine zwei Söhne ihn davon abhielt, sein eigenes Leben zu beenden. Er nahm eine hohe Lebensversicherung auf und zog sich bald darauf eine Lungenentzündung zu, indem er stundenlang in kaltem Wasser stand, während er zu fischen vorgab. Die Lungenentzündung entwickelte sich zu einer Tuberkulose, und er starb im Jahre 1914.«*

So begann der wunderliche Lebensweg Wilhelm Reichs, und wir werden sehen, daß er eigentlich nie etwas anderes getan hat, als diesen Beginn zu wiederholen.

Vater Freud

Der Krieg brach aus, Reich wurde einberufen, kam an die Front und brachte es bis zum Oberleutnant. Ein Foto aus dieser Zeit, 1917, zeigt einen hübschen jungen Mann mit glattem Gesicht, keckem Schnurrbart und dem ziemlich frechen Blick eines Offiziers. Zwischen den Fingern seiner linken Hand hält er eine Zigarette; sie wird bis zu seinem Lebensende auf fast allen Fotos zu sehen sein. Mit seiner Rechten hält er den Griff eines großen, unförmigen Stocks fest, mit dem sich österreichische Infanterie-Offiziere zu zeigen pflegten. Obwohl er nicht mit Pferden zu tun hatte, liebte Reich es, Sporen zu tragen – im Gegensatz zu meinem Vater, der wie Reich an der italienischen Front kämpfte. Ansonsten wissen wir wenig aus dieser Zeit.

Nach dem Krieg studierte er zunächst in Wien Jura, wechselte aber, nachdem er Freuds *Drei Abhandlungen zur Sexualtheorie* (1905) gelesen hatte, zur Medizin. Neben seinem Studium beschäftigte er sich mit Psychoanalyse, was an der Universität natürlich nicht bekannt werden durfte. Reich hatte das große Glück, als junger Mann

Mitglied einer neuen, aufstrebenden Bewegung zu werden, die seinen Talenten entsprach. Ansonsten war die Situation in der Stadt katastrophal. War Wien früher der behäbige Mittelpunkt eines Weltreiches, das seine Kolonien innerhalb der eigenen Grenzen hatte (Hitler sollte sich dieses Modell später zum Vorbild für sein Drittes Reich nehmen), so glich die Stadt jetzt – nachdem Ungarn und die Tschechoslowakei unabhängig geworden und große Gebiete an Polen, Rumänien, Jugoslawien und Italien gefallen waren – eher einem Kronleuchter, den man in der Küche aufgehängt hatte. Die wirtschaftliche Situation war chaotisch, es herrschte Hunger, es gab keine Kleidung, kaum Beleuchtung, und im Winter blieben die Öfen kalt. Die Massen, die sich für die Interessen anderer gegenseitig abgeschlachtet hatten, hatten langsam die Nase voll: in Rußland eroberten sie mit Hilfe der Bolschewiken die Macht, in Italien waren sie schon dabei, in die Falle des Faschismus zu laufen, in Deutschland blieb die Situation vorerst undeutlich, und Putschversuche von links und rechts wechselten einander ab. Täglich gab es politische Morde, die Inflation kam, kurzum: mit der repressiven Ruhe des vorigen Jahrhunderts – der bürgerlichen Ruhe und Ordnung, die nur in kleinen Ländern wie den Niederlanden noch für kurze Zeit erhalten blieb und in der auch die Psychoanalyse entstanden war – war es definitiv vorbei. Durch Wilhelm Reich sollte auch die Psychoanalyse bald mit der Politik und den Massen in Berührung kommen.

Zunächst aber beschäftigte Reich sich mit Schizophrenie sowie mit den Praktiken und besonders den Phantasien von Neurotikern beim Onanieren; er zerbrach sich den Kopf über Widersprüche und Lücken in der psychoanalytischen Theoriebildung und den daraus sich ergebenden Mängeln und Unsicherheiten in der Therapie. Am meisten interessierten ihn Freuds Auffassungen über die »Libido«, die dieser in den *Abhandlungen* als eine »psychische Energie« beschrieben hatte: die der Sexualität. Eine Neurose entsteht, wenn verbotene Wünsche, die mit dieser Energie geladen sind, verdrängt werden. Die Libido macht sich dann über das Unbewußte als neurotisches Symptom bemerkbar. Wenn der Komplex verdrängter Wünsche durch die Analyse bewußtgemacht wird, wird diese Energie frei, und das Symptom verschwindet. In diesem Stadium richtet sich die gelöste Energie auf den Analytiker (die *Übertragung*) und muß dann wieder von diesem abgelöst werden; zuletzt ist es notwendig, daß die zunehmend verzweifelnde Libido am Ende vom Ich *verurteilt* wird, um dann *sublimiert* einem höheren Ziel zu dienen: der Kultur.

1920, noch als Student, wurde Reich aufgrund einer nichtveröffentlichten Studie über Ibsens *Peer Gynt* Mitglied der IPV – und im gleichen Jahr veröffentlichte Freud *Jenseits des Lustprinzips*. Traumatische Kriegsneurosen, die ihren Ursprung nicht in der Sexualität hatten, und Betrachtungen über Sadismus und Masochismus hatten ihn dazu veranlaßt, in diesem Buch spekulativ und in Frageform die Hypothese zu äußern, daß es einen unabhängigen Todestrieb gibt. Wie sollte ein Trieb, der auf Zerstörung aus ist, aus dem lebenserhaltenden Eros abgeleitet werden können? Zum ersten Mal wird in dieser Schrift der Begriff »Eros« benutzt, der den viel strengeren Ausdruck »Sexualität« aus den *Abhandlungen* ersetzt. Exakt im Moment dieser Entradikalisierung im Denken Freuds wird Reich einer seiner bevorzugten Söhne, die stets Zugang zu ihm hatten. Aber diese Klimaänderung innerhalb der Psychoanalyse hatte vorerst kaum praktische Folgen. Reich fing an zu analysieren, 1921 heiratete er eine ehemalige Patientin, die sogleich auch selber praktizierte. Auf einem Foto aus diesem Jahr sieht er aus wie ein vierzigjähriger Mann: der Schnurrbart ist verschwunden, der Offiziersblick ist der Melancholie gewichen, das Gesicht ist gezeichnet vom Hunger und den Kriegserfahrungen.

Gleich nach seiner Promotion 1922 begann Reich seine Arbeit am Technischen Seminar für Psychoanalyse, einem Forschungszentrum, das sich mit schwierigen Fällen beschäftigte und junge Analytiker ausbildete. Im gleichen Jahr bekam er außerdem eine Ganztagsstelle im gerade eröffneten Psychoanalytischen Ambulatorium für Mittellose. Das Ambulatorium war auf eine Anregung Freuds hin entstanden, und alle Analytiker waren verpflichtet, dort täglich eine Stunde lang zu praktizieren; auf Drängen von Reich mußten sie diese Einrichtung außerdem allmonatlich finanziell unterstützen. Von Anfang an hatte Reich also ein anderes Verhältnis zur sozialen Wirklichkeit als seine Kollegen: Sein Milieu war nicht die ruhige Arztwohnung, in der es jede Stunde einmal an der Tür klingelte und ein Herr sich nach der anderen Dame seufzend auf die Couch legte (um dann am Abend den Analytiker bei einer Hugo von Hofmannsthal-Premiere in einer Loge des Wiener Burgtheaters wiederzusehen), sondern die Betriebsamkeit einer Krankenhausambulanz voller geistesgestörter Arbeiter, Bauern, Büroangestellter, Studenten, Dienstmädchen, Kellner. Er wurde Mitglied der sozialdemokratischen Partei.

Der Orgasmus

Das waren Reichs Lebensumstände, als er 1923 seine fundamentale Entdeckung machte: Über Wohl und Wehe des Menschen entscheidet der *Orgasmus*. Nicht Eros und schon gar nicht Thanatos oder der Todestrieb geben den Ausschlag, sondern direkt und unvermittelt die genitale Sexualität.

Reich stellte fest, daß fast alle Patienten, unabhängig davon, an welchen Neurosen sie litten, Probleme mit ihren Genitalien hatten. Der eine konnte nicht ejakulieren, der andere kam zu früh, ein dritter kriegte keinen hoch, ein vierter wollte ihn nicht reinstecken, und so hatte jeder irgendwas. Die Psychoanalyse unterschied damals lediglich zwischen »erektiver« und »ejakulativer Potenz«. Wenn man zwar einen hochbekam, aber keinen Orgasmus hatte, dann hatte man ein ernstes Leiden, gehörte jedoch nicht zu den sehr schweren Fällen, und wer in der Lage war, einen Orgasmus zu haben – Mann oder Frau –, der konnte zwar neurotisch sein, aber sein Sexualleben war in Ordnung. Nun war es auch Reich nicht entgangen, daß es Ausnahmen gab. Bei seinen weiblichen Patienten machte er die gebräuchliche Unterscheidung zwischen »klitoralem« und »vaginalem Orgasmus«. Eine Frau, die nur klitoral befriedigt werden konnte, also indem sie selber oder jemand anders die Klitoris massierte, war »vaginal-orgastisch« gestört. *Alle* Patientinnen erwiesen sich als vaginal-orgastisch gestört. Hier ergaben sich also keine theoretischen Schwierigkeiten. Bei den Männern aber waren nur 65 Prozent erektiv bzw. ejakulativ impotent; die übrigen 35 Prozent hatten keine Probleme mit dem Orgasmus. Aus dieser Tatsache ergab sich nun, daß Reich bei seinen Forschungen eine verblüffende Entdeckung machte: Er fand die »orgastische Impotenz«, die er brauchte, um allen Neurosen einen orgastischen Ausgangspunkt zu geben. Reich sagt, daß dieser Begriff in seinem System eine ähnlich zentrale Rolle spielt wie der Ödipuskomplex in der klassischen Psychoanalyse.

Man kann zwar einen Orgasmus haben, der kann aber *falsch* sein. Im Gegensatz zu denen, die einen guten Orgasmus haben und damit orgastisch potent und gesund sind, ist man dann orgastisch impotent und neurotisch. Daraus folgte selbstverständlich, daß eine genaue Beschreibung des guten Orgasmus notwendig war. Reich äußert sich nicht darüber, wie er an das Material für seine Definition herankam. Man könnte zu der Annahme neigen, daß er hierfür auf eigene Erfahrungen mit seiner jungen Ehefrau Annie Pink zurückgegriffen hat, aber es wird bald deutlich werden, daß eine derartige Selbstbetrachtung gerade mit dem potenten Orgasmus unvereinbar ist. Dieser Umstand läßt nur eine Schlußfolgerung zu: Reich hat, im Dienste der Wissenschaft, orgastisch potente Männer und Frauen miteinander schlafen lassen, er hat sie dabei heimlich beobachtet und sich genaue Aufzeichnungen gemacht.

An diesem Punkt stoßen wir zum ersten Mal auf einen Hinweis, daß Reich mit seiner wissenschaftlichen Arbeit nichts anderes tut, als die Szene aus dem Jahre 1911 zu wiederholen. Umgekehrt darf man vielleicht schon jetzt den Schluß ziehen, daß er damals nicht nur über das Verhältnis seiner Mutter mit dem Hauslehrer Bescheid wußte, sondern daß er auch mit seinen eigenen Augen *gesehen* hat, wie sie miteinander schliefen.

1. Die Erektion kommt mit Gefühlen der Lust zustande, die Frau wird feucht; der Mann verspürt den Drang, in die Frau einzudringen, aber ohne daß dem aggressive oder sadistische Gefühle, wie sie »durchbohren« zu wollen, beigemengt sind.

2. Ohne daß dabei sich widersprechende Regungen aufkommen, tauschen sie Zärtlichkeiten aus; beide sind dabei gleich aktiv; wenn die Frau passiver ist, deutet dies auf eine neurotische Störung, die die Folge von masochistischen Vergewaltigungsphantasien ist.

3. Wenn das Glied in die Vagina gleitet, steigert sich die Lust plötzlich; der Mann hat das Gefühl, von der Frau »hineingesogen« zu werden, die Frau hat das Gefühl, ihn »einzusaugen«.

4. Langsame, entspannte Bewegungen, keine Eile, kein Kampf gegen den vorzeitigen Samenerguß, Hingabe, kein Lachen, kein Sprechen.

5. Die Erregung breitet sich langsam, von den Geschlechtsorganen ausgehend, über den ganzen Körper aus.

6. Der Ablauf der Erregung ist nicht mehr beherrschbar, tiefes Ausatmen erfolgt, die Bewegungen werden unwillkürlich.

7. Die Muskelkontraktionen werden noch unwillkürlicher und ihre Frequenz steigt; für einen kurzen Moment hören die Bewegungen auf; gemeinsamer Höhepunkt: beim Mann setzen samenfördernde Muskelkontraktionen ein.

8. Trübung des Bewußtseins; schnelle, spontane Bewegungen.

9. Der ganze Körper zuckt und wird von der Erregung durchströmt: die Befriedigung; die Erregung entlädt sich aus den Geschlechtsorganen.

10. Körperliche und geistige Entspannung, Gefühle der Dankbarkeit dem anderen gegenüber; kein orgastisch-impotentes Gefühl von tödlicher Ermüdung, Gleichgültigkeit, Abscheu oder Ekel.

Dies ist, stark gekürzt, das, was Reich sah. Bei wem es anders verlief, der war neurotisch. Und hierunter fielen auch die 35 Prozent der männlichen Patienten, die unerwarteterweise doch zum Orgasmus kommen konnten. Der Fehler dieser Konstruktion, mit der die Theorie verifiziert werden sollte, war nur, daß sie auch außerhalb des Patientenkreises Verheerungen anrichtete. Viele Menschen, die sowieso schon mit sozialer Diskriminierung zu kämpfen hatten, wurden nun auch noch zu Neurotikern gemacht. So zum Beispiel alle Homosexuellen, denn die hatten absolut keine Lust, von einer Frau hineingesogen zu werden bzw. den Mann einzusaugen. Reich selbst sprach im Zusammenhang mit Homosexualität mitunter von »Schweinerei« (auch wenn er sonst für gesellschaftliche Toleranz eintrat). Eine andere Gruppe, die Reichs Anforderungen an orgastisch-potente Menschen nicht gerecht wurde, waren die Casanovas und Schürzenjäger: die fielen in die orgastisch-impotente Unterrubrik »onanistischer Koitus«. Was sie taten, war nichts anderes als ein »In-die-Frau-Urinieren«.

Unter Diplomaten

Ein klassisches Beispiel für orgastische Impotenz scheint mir der dreiundsechzigjährige amerikanische Diplomat zu sein, über den Kinsey viele Jahre später berichtete. Dieser Herr hatte offensichtlich in seinem Leben, und die Rede ist jetzt nur von Minderjährigen, mit 200 Mädchen und 600 Jungen sexuellen Kontakt; darüber hinaus natürlich auch noch mit zahllosen Männern und Frauen und zudem, wie er berichtet, »mit einer Reihe von Tieren«; außerdem war er mit 17 Familienangehörigen im Bett gewesen; in den Blumengarten der Liebe war er von seiner Großmutter eingeführt worden, und seine ersten homosexuellen Erfahrungen machte er mit seinem Vater. Als der alte Herr anmerkte, daß er immer noch in kürzester Zeit zum Orgasmus kommen könne, und Kinsey ihn darauf skeptisch ansah, knöpfte er sich die Hose auf und lieferte den Beweis.

Chapeau!

Dieser Mann, ein Akademiker mit einem Regierungsamt, blickte bestimmt zufriedener auf sein Leben zurück als zum Beispiel Balzac, der nach jeder Liebesnacht klagte: »Schon wieder ein Buch verschleudert.« Man kann natürlich behaupten, daß die Neurose dieses Mannes eben gerade darin bestand, mit allem und jedem zu schlafen. Aber offensichtlich fühlte er sich dabei sehr wohl, und welche Bedeutung hat dann noch das Wort »Neurose«? Es kann doch nicht nur ausdrücken, daß die Nachbarn der Meinung sind, man sei verrückt. Wenn jemand eine Neurose hat, dann gerät er nicht nur in Konflikt mit der Gesellschaft (und gerade Reich würde in diesem Fall sofort sagen, daß man dann eben die Gesellschaft verändern müsse), sondern auch mit sich selbst, wodurch für ihn das Leben schwierig oder gar unmöglich wird. Der Diplomat wäre neurotisch geworden, wenn er all das *nicht* getan hätte, was auch eher mit dem Kern der Theorie Reichs übereinstimmt. Und wenn diese Theorie Jahre später deutliche Spuren des Wahnsinns zeigt, dann kann eben das nicht mit dieser Theorie erklärt werden (Reich wurde verrückt, weil er keinen guten Orgasmus hatte), sondern es war vielmehr so, daß es Reich viele Jahre gelang, sich den Wahnsinn vom Leib zu halten, indem er ihm durch Theorien Form gab und ihn so fesselte.

Mein Abenteuer mit Martha damals war, um es mit Reich auszudrücken, natürlich eine orgastisch äußerst impotente Angelegenheit: im Zustand übergroßer Erregung hatte ich »genitalen Kontakt« mit der ehemaligen Freundin meines Vaters, die ein Surrogat für meine Mutter war; ich triumphierte über meinen Vater, der eine Etage tiefer nichtsahnend vom Ersten Weltkrieg träumte. Schließlich hatte ich damals schon meinen Freud gelesen. Aber war diese Affaire nun eine Bestätigung für eine Neurose, die ich aufgrund meines Ödipuskomplexes hatte, oder deutete sie eher darauf hin, daß ich mich eben davon befreite? Oder war sie vielleicht schon ein *Spiel* mit diesen Dingen? Jedenfalls verspürte ich danach kein Gefühl des Ekels oder der Schuld, und als ich mit Martha schlief, hatte ich keine Phantasien der Art, die nach Reich immer auf orgastische Impotenz deuten. Das Ganze geschah *anstelle* der Phantasien, die ich als Junge gehabt hatte. Und meine Augen habe ich mir anschließend auch nicht ausgestochen.

Wie aus seiner Auffassung über die Homosexualität spricht auch aus seiner Ablehnung des »onanistischen Koitus« der moralistische, ja prüde Hintergrund von Reichs Denken, in dem die Prägung durch sein Elternhaus in Juzynetz in der Bukowina noch deutlich spürbar ist. Als die Schmutzkampagne gegen ihn eröffnet wurde, sagte Reich, er habe immer nur mit einer Frau ein Verhältnis gehabt; erst wenn es nach Jahren auf sexueller Ebene frustrierend wurde, habe er sich eine andere gesucht. Ob das stimmt oder nicht, sei dahingestellt (und aus Ilse Ollendorffs Biographie wird deutlich, daß Reich hier gelogen hat), in jedem Fall hat Reich mit seinem Zehn-Punkte-Katalog eine Beschreibung der – heterosexuellen, monogamen – *Liebe* geliefert.

Anders als Reich selber (und Kinsey und alle anderen, die über dieses Thema geschrieben haben) will ich mich nicht in sexuelle Anonymität hüllen. Ich habe den amerikanischen Diplomaten vorhin nicht nur erwähnt, um ein Bild der Zustände in der amerikanischen Politik zu skizzieren, sondern auch um zu zeigen, daß ich mich selber auch als einen sehr bescheidenen Praktikanten des onanistischen Koitus betrachte – ein Zeitungsartikel (ich glaube aus der New York Times) über das *swinging Amsterdam*, den meine Mutter mir vor ein paar Jahren aus Amerika zusandte, deutete dies bereits an; dort wird von mir berichtet, ich hätte unlängst eine Party aus Anlaß meiner zweitausendsten Eroberung gefeiert.

»Merkwürdig, so etwas über den eigenen Sohn zu lesen«, hatte sie an den Rand geschrieben.

Und doch ist es nicht so merkwürdig. Es ist durchaus nicht ausgeschlossen, daß ich mit 2000 Frauen im Bett war, vielleicht waren es ja sogar mehr; aber sich vorzustellen, ich hätte sie *gezählt* und daraufhin ein Fest veranstaltet, ist natürlich ein Mißbrauch der Pressefreiheit. Ein solches Verhalten würde in der Tat darauf deuten, daß es nur um die Klarstellung der Machtverhältnisse ging (der Prinz in seinem Jagdschloß, um ihn herum an den Wänden die ausgestopften Köpfe der von ihm erlegten Tiere); ein Fall, in dem vielleicht sogar Adler konsultiert werden müßte. Aber solche zeitraubenden Aktivitäten, wie mit 2000 Frauen ins Bett zu gehen, werden gerade nur von solchen Menschen entfaltet, die ein schlechtes Gedächtnis haben, Menschen wie mir, für die immer wieder alles neu ist. Wäre ich ein Psychologe, dann würde ich sagen: Dieser Mann wurde, als er noch ein Kind war, von seiner Mutter verlassen, und auf typisch neurotische Art *wiederholt* er dieses Ereignis, mit dem Unterschied, daß er nun die Frauen *zwingt*, ihn zu verlassen; er will sich dadurch die Illusion verschaffen, daß er es war, der seine Mutter zwang wegzugehen. In Anbetracht der Tatsache, daß dies nicht der Fall war, muß er dieses Ereignis ständig wiederholen. Gut, vernünftig betrachtet bin ich also ein Neurotiker. Nun steht aber derselbe Psychologe am Laufstall meines Kindes, das pausenlos sein Spielzeug hinauswirft und will, daß es wieder hineingelegt wird, um es anschließend wieder hinauszuwerfen. Damit, sagt der Psychologe, *wiederholt* das Kind seine Erfahrung, daß die Mutter nicht immer da ist, sondern manchmal auch weggeht. Mit diesem Spiel eliminiert das Kind das Unangenehme seiner Entdeckung. Wenn ich dann aber wissen will, warum das gleiche Verhalten das eine Mal als »neurotisch« bezeichnet wird, das andere Mal aber als »Spiel«, und warum das Prinzip des ausgeschlossenen Dritten jetzt plötzlich doch wieder in Kraft tritt, dann bekomme ich keine Antwort.

Dieser hypothetische Psychologe hat keinerlei Ähnlichkeit mit Reich; er repräsentiert eher die Art von Psychoanalytiker, wie wir sie heute kennen, und die Reich haßte. Für Reich wäre ich schlicht und einfach orgastisch impotent – so etwas wie »Spiel« (oder andere heitere Dinge gleich welcher Art) kam in seinem Denken nicht vor. Heute erkenne ich – wie jeder andere auch – all die Phänomene, die er mit dem Begriff »orgastisch impotent« belegt hat. Des öfteren war der Orgasmus nicht so überwältigend, und manchmal dachte ich schon *während* der »Akme«: Wie kriege ich das Mädel in die Straßenbahn? Abscheu, Ekel, Gleichgültigkeit, alles habe ich in den verschiedensten Graden erlebt. Auch die orgastische Impotenz der Frau habe ich in vielerlei Ausprägungen kennenlernen dürfen. Am ärgerlichsten habe ich es immer gefunden, wenn eine Frau im Bett anfing, laut zu rufen und wild rumzuhoppeln, so daß man beinah runterfiel. In meinen Augen war das immer falsches Theater: Frigidität, die versucht, den Eindruck von Leidenschaft zu wecken, aber keine Ahnung hat, was das überhaupt ist – oder bestenfalls handelte es sich um den verzweifelten Versuch, die Leidenschaft bei sich selber zu wecken. Aber Reich liefert eine viel bessere Erklärung für dieses Verhalten: Das ganze Theater dient dazu, die eigene Lust zu *unterdrücken*. Das Resultat entspricht diesem Wunsch: Man rollt gezwungenermaßen runter.

Aber wenn ich im Sinne des In-die-Frau-Urinierens orgastisch impotent bin, dann müßte demnach die orgastische Potenz mir völlig unbekannt sein – zumindest wenn Reichs Theorie noch irgendeine Bedeutung haben soll. Aber die orgastische Potenz kenne ich auch. Und zwar habe ich diese Erfahrungen, um dies klarzustellen, nicht nacheinander in bestimmten »gesunden« Phasen, die sich mit den neurotischen abwechselt haben, gemacht, sondern gleichzeitig. Denn neben den 2000 Frauen, über die ganz Amerika den Kopf schüttelt, gab es in meinem Leben immer auch eine Frau, die ich liebte. Der Psychologe darf nun sagen, daß diese dann bestimmt Frieda verkörpert – aber mich interessiert, was Reich dazu sagt, denn Frieda ist ja wohl nicht in der Lage, die ganze Theorie über den Haufen zu werfen? Oder doch? Wie kommt es, daß jemand, der zu Hause orgastisch potent ist, weggeht, um draußen impotent zu sein? Weil die Dinge offenbar nicht so einfach liegen, wie Reich das gerne glauben wollte – auch in seinem Fall nicht.

Amerika kann ich im übrigen beruhigen: Seit ich eine Tochter habe, verhalte ich mich bedeutend undiplomatischer. Und wenn der Psychologe in mir dann konstatieren will, daß meine Tochter also offenbar die Rückkehr meiner Mutter personifiziert, dann lasse ich mir das gefallen – im Bewußtsein aber, daß sie in erster Linie auch jemand anders ist.

Die Neurosen-Epidemie

Reichs Entdeckung, daß *allen* Neurosen orgastische Frustrationen zugrunde liegen, hatte sowohl für seine Theorie als auch für seine Therapie weitreichende Folgen.

Zu der Zeit, als Freud seine *Drei Abhandlungen zur Sexualtheorie* schrieb, unterschied er zwischen »Psychoneurosen« und »aktuellen Neurosen«. Psychoneurosen hatten ihren Ursprung in der Vergangenheit, in der Verdrängung von sexuellen Wünschen während der Kindheit, deren Energie nun in Form von Symptomen sichtbar wurde. Aktualneurosen hingegen entstanden in der Gegenwart aus aktuellen Störungen der Sexualität. Ein Beispiel hierfür war die Angstneurose, die nach Freuds Meinung durch sexuelle Enthaltsamkeit oder das Praktizieren des Coitus interruptus entstand: die sich anhäufende und nicht abgeführte Libido »schlug um« in Angst. Just zu dem Zeitpunkt, als Freud begann, seine Meinung darüber zu revidieren, schloß Reich sich diesen Thesen an – mit dem Unterschied, daß bei ihm die angehäufte Libido nicht in Angst »umschlug«, sondern diese Angst genau diese Libido war, die lediglich mit Hilfe der falschen Organe abgeführt wurde: über das Herz anstatt über die Genitalien. Lust und Angst waren seiner Meinung zufolge genauso identisch, wie Isadora Duncan mit demselben schönen Schal erwürgt wird, mit dem sie sich kurz zuvor noch schmückte.

Freud hatte sich vor allem mit den Psychoneurosen beschäftigt, die Reich nun auch zu den Aktualneurosen zählte. Ihr gemeinsames Kennzeichen war: angehäufte, nicht durch potenten Orgasmus abgeführte Libido. Denn was geschah bei einer klassischen Analyse der Psychoneurosen? Wenn der verdrängte Komplex durch die Rekonstruktion der »Urszene« bewußt gemacht worden war, und die Übertragung überwunden wurde, dann sollte die freigesetzte Energie vom Ich sublimiert werden. Die sich viel eher anbietende Methode, sie mit Hilfe sexueller Befriedigung abzuführen, wurde durch die unzähligen moralischen Unterdrückungsmechanismen, über die die Gesellschaft verfügte, unmöglich gemacht. Nun war aber in den meisten Fällen die Sublimation nicht mehr als ein frommer Wunsch, denn sie ist nur dann möglich, wenn die elementaren sexuellen Bedürfnisse befriedigt sind, was aber im allgemeinen nicht der Fall war. Das bedeutete also, daß die gleichen Ursachen, die in der Kindheit eine Psychoneurose hatten entstehen lassen, nun die Genesung verhinderten. Dadurch wurden auch letztendlich alle Psychoneurosen zu Aktualneurosen, zu *Stauungsneurosen*.

Die Konsequenz aus dieser Erkenntnis konnte nur sein, daß die Gesellschaft grundlegend verändert werden mußte. Die Damen und Herren Privatpatienten wurden von der öffentlichen Moral daran gehindert, ihre freiwerdende Libido der Natur gemäß mit Hilfe ihrer Geschlechtsteile unschädlich zu machen, ihre Ehen waren kaputt, mit ihren Ehegatten klappte es schon lange nicht mehr, aber sie nahmen sich vielleicht eine Mätresse oder einen Liebhaber wie in den Stücken Arthur Schnitzlers, und so gab es die Möglichkeit, daß sie gesund wurden, und danach konnten sie sich dann den Luxus der Sublimation erlauben. Aber das Kleinbürgertum und die Arbeiterklasse, die die Sprechstunden in Reichs Ambulatorium besuchten, hatten kein Geld, um sich im Sacher ein Chambre séparée zu mieten; man hätte sie im übrigen nicht einmal reingelassen. Außer der Moral und dem Mangel an Verhütungsmitteln waren bei ihnen Armut und die Wohnungssituation Ursachen für Neurosen, und es waren ebendiese

Faktoren, die auch eine Heilung verhinderten. Darüber hinaus war, infolge ihrer Misere, die ethische Hemmschwelle niedriger, so daß sie eher dazu neigten, ihre perversen Wünsche auszuleben; die Folge war, daß sie häufig als Sexualstraftäter im Gefängnis landeten. Die Neurosen, die Folge der sozialen Lage waren, erschwerten es diesen Menschen zusätzlich, sich über Wasser zu halten. Reich schreibt:

»Den Neurosen der arbeitenden Bevölkerung fehlt nur die kulturelle Finesse. Sie sind grobe, unverhüllte Rebellion gegen die seelischen Massaker, die alle beherrscht. Der wohlhabende Bürger trägt sie mit Würde, oder er lebt sie materiell so oder so aus. Beim Menschen aus dem arbeitenden Volk enthüllt sie sich als die tragische Groteske, die sie wirklich ist.«

Er beschreibt den Fall einer jungen Fabrikarbeiterin, die an Nymphomanie litt: sie schlief mit jedem, ohne dabei zum Orgasmus zu kommen. Sie ging dann dazu über, sich mit einem Messer zu befriedigen, zunächst mit dem Griff, später mit der Klinge. Blutend kam sie zu Reich in die Klinik. Am Ende der Behandlung war klar, wie es dazu gekommen war. Sie stammte aus einer kinderreichen, armen Familie, in der niemand Zeit hatte, sich um sie zu kümmern. Wenn sie als junges Mädchen onanieren wollte, dann gab es kein Zimmer, in das sie sich hätte einschließen können. Ihre Mutter erwischte sie und warf mit einem Messer nach ihr. Aus Angst vor dem Messer gestattete sie sich später nicht, Befriedigung zu erfahren. Zuletzt versuchte sie dann, Befriedigung durch ebendieses Messer zu erlangen.

An solche Fälle hat Reich später erinnert, wenn Marxisten ihm entgegenhielten, daß Neurosen ein Luxus seien, den sich Bourgeoisiedämchen leisteten. Seiner Erfahrung nach waren Neurosen nichts anderes als eine Epidemie. Aber das bedeutete gleichzeitig, daß die übliche, individuelle Analyse kein Mittel zur Heilung sein konnte. Hinzu kam noch, daß die Analysen immer länger dauerten: zu Anfang waren es ein paar Monate gewesen, inzwischen dauerte es häufig ein paar Jahre. Die einzige Möglichkeit, dieser psychischen Volkskrankheit entgegenzutreten, war Prävention, sexuelle Hygiene; das aber war in der damaligen Gesellschaft unmöglich.

Widerstände

Diese Erkenntnisse und Theorien Reichs (plus einiger anderer, auf die ich aus systematischen Überlegungen später zu sprechen komme) stammen aus den Jahren zwischen 1920 und 1926.

Auf dem Psychoanalytischen Kongreß im Jahr 1923 hielt er seinen ersten Vortrag: *Über Genitalität*. Reich berichtet, daß bereits während seiner Rede die Atmosphäre im Saal *»eisig«* wurde. Als er geendet hatte, herrschte erst eine Weile Schweigen, und in der sich anschließenden Diskussion lehnte man alle seine Schlußfolgerungen rundweg ab. Einige behaupteten, sie hätten haufenweise Patientinnen mit einem gesunden Sexualleben. Reich schreibt über seine Kollegen: »*Sie schienen mir aufgeregter als ihrer gewohnten wissenschaftlichen Reserve entsprach.*«

Zum ersten Mal hatte er Widerstand gegen seinen sexuellen Radikalismus zu spüren bekommen. Hinzu kam noch, daß im gleichen Jahr Freuds Buch *Das Ich und das Es* erschien. Der Todestrieb, dessen autonome Existenz Freud in *Jenseits des Lustprinzips* hypothetisch angenommen hatte, tauchte in diesem neuen Buch mit größerem Anspruch auf Wirklichkeit wieder auf. So nahm Freud zum Beispiel an, das *Über-Ich* sei eine Ausprägung dieses Triebes, der sich nun manifestiert als das aggressiv-moralistische »Gewissen«, welches mit archaischem Restmaterial aus dem Kleinkind-Vater-Verhältnis operiert. In den unbewußten Schuldgefühlen zeigte sich der Todestrieb ebenso wie in der Neigung des Menschen zur Selbstzerstörung, und genau dies war der Grund dafür, daß viele Patienten nicht gesund werden wollten: Die Neurose befriedigte ihr unbewußtes Bedürfnis nach Strafe. (Wodurch, so Reich, der Todestrieb zur bequemen Entschuldigung für gescheiterte Analysen wurde.) Die Bedeutung der Sexualität, schon im vorigen Buch zum »Eros« abgeschwächt, war noch kleiner geworden. Im Denken Reichs jedoch spielte sie von Jahr zu Jahr eine größere Rolle, immer entschiedener hielt er an Freuds ursprünglicher These, daß die Libido eine sexuelle Energie sei, fest, und mit seiner Orgasmus-Theorie hatte er in gewisser Weise diese These bereits hinter sich gelassen: Die Libido war für Reich der »somatische Kern« aller Neurosen.

Verzweifelt kam er eines Tages zu Freud und sagte, er könne in der klinischen Therapie nichts mit dem Todestrieb anfangen, und wie das überhaupt alles zusammenpasse? Aber Freud sagte wieder nur, es handele sich dabei um eine meta-psychologische Hypothese, er solle sich keine Gedanken machen und ruhig weiter analysieren. Reich berichtet, daß er beruhigt wegging – aber das Klima innerhalb der psychoanalytischen Bewegung veränderte sich weiter.

»Alle geben die Libido-Theorie auf«, sagte er, als er wieder einmal bei Freud war. »Die Libido-Theorie stirbt. Wo soll das alles enden?«

Letztendlich in der heutigen Psychoanalyse, in der die Libido bestenfalls noch als Metapher vorkommt – genauso wie wir heute noch sagen, daß das Radio im »Äther« ist, obwohl wir wissen, daß es dergleichen nicht gibt. Reich fand diese Entwicklung unerträglich. Für ihn manifestierte sich darin der erfolgreiche Versuch der Gesellschaft, die auf der Unterdrückung der Sexualität basierte, sich die Psychoanalyse einzuverleiben und unschädlich zu machen – mit der Konsequenz, daß die Hälfte, nein, daß praktisch die gesamte Bevölkerung neurotisch bleiben würde. Nicht daß er glaubte, dies sei die Absicht Freuds gewesen. Ihm hat er nie einen Vorwurf gemacht, denn schließlich hatte er nur eine These geäußert. Nein, es waren die anderen Psychoanalytiker, die die Gelegenheit, die Psychoanalyse ihres Kerns zu berauben, mit beiden Händen ergriffen. In einem Interview aus dem Jahr 1952, veröffentlicht unter dem Titel *Reich speaks of Freud*, erklärt er Freuds These mit dessen Mutlosigkeit; er habe kapituliert: ein psychosomatischer Grund auch für den Krebs, an dem Freud in diesen Jahren erkrankte.

Seine theoretische Antwort auf Freuds Todestrieb formulierte Reich erst 1932 in seinem Artikel *Der masochistische Charakter* (später wiederveröffentlicht in seinem Buch *Charakteranalyse*). Hier versuchte er deutlich zu machen, daß der sogenannte primäre Todestrieb nichts anderes ist als eine bestimmte Form der Orgasmus-Angst, das heißt einer Frustration der Libido, die der einzige primäre Trieb ist. Der Masochismus ist nicht Ausdruck des Todestriebes, sondern ein Aspekt der für Masochisten typischen Angst, beim Orgasmus zu sterben oder zu explodieren. Einen Masochisten, der ihm während der Analyse berichtete, er verlange unaufhörlich nach Prügeln, schlug er unvermittelt zweimal heftig mit einem Lineal, worauf der Mann vor Schmerzen aufschrie und dabei keinerlei Lustgefühl empfand. Reich schloß daraus, daß auch für einen Masochisten Schmerzen einfach nur Schmerzen sind, daß aber Wunden ihn von seiner Angst zu explodieren erlösen, weil sie eine Art von Ventil darstellen – und diese Angst ist eine Folge der Anhäufung von Libido.

Mit jeder Phase, in der sich die psychoanalytische Libido nach 1920 zu einer Metapher, einem Wort verflüchtigte, wurde sie umgekehrt für Reich konkret. Er übernahm die Fackel von Freuds früherem, radikal-sexuellen Kurs und bezog Stellung im soeben verlassenen Bollwerk der Sexualität. Von nun an sollte er es mit mehr Dogmatismus verteidigen, als Freud das je getan hatte – so dogmatisch, wie Jung dachte, daß Freud es täte. Und Reich sollte nicht eher ruhen, bis daß die Reichweite der Kanonen dieses Bollwerks sich bis zu den Horizonten des Weltalls erstreckte.

Ablehnung durch Freud

Wir kommen nun zu einem Ereignis, das in Reichs Entwicklung eine entscheidende Rolle spielt. Anfang des Jahres 1926 beendete Reich die Arbeit am Manuskript seines Buches *Die Funktion des Orgasmus*. Er widmete es Freud, und am 6. Mai – Freuds 70. Geburtstag – ging er zur Feier des Meisters und überreichte ihm in dessen Arbeitszimmer, mit Hunderten von antiken Skulpturen auf dem Schreibtisch und in den Schränken, die dicke Mappe.

(Dieses Buch ist nicht identisch mit *The Function of the Orgasm [The Discovery of the Orgone, Vol. I]*, das ich am 4. November 1972 kaufte, und mit dem meine Abenteuer mit Reich begannen. Das wurde 1942 auf englisch veröffentlicht, und Reich verarbeitet hierin nicht nur den ursprünglichen Band *Die Funktion des Orgasmus*, sondern auch das Buch *Der triebhafte Charakter* aus dem Jahr 1925 sowie den Band *Der Orgasmusreflex* von 1937 und zahlreiche Artikel aus seiner letzten Periode, wobei er das Ganze außerdem noch mit ausführlichen Bemerkungen und Kommentaren zum aktuellen Stand seiner Forschungen versah. Alle seine Bücher, die zur Zeit auf dem Markt kursieren, sind ähnlich bunt zusammengewürfelt, ohne daß dabei auf die genaue Herkunft der einzelnen Texte hingewiesen wird. Allerdings gibt es in Deutschland einige fotomechanische Raubdrucke der Erstausgaben. Die beste Einführung in das Werk Reichs ist *The Function of the Orgasm.*)

»So dick?« fragte Freud, nachdem er den Titel gelesen hatte und das Manuskript in seiner Hand wog.

Reichs Ansicht nach war dies keine rationale Reaktion, denn normalerweise war Freud ein überaus höflicher Mensch: Der Titel muß ihn abgestoßen haben. Meistens dauerte es nur ein paar Tage, bis Freud die Arbeiten, die seine Söhne bei ihm einreichten, kommentierte. Nun aber dauerte es gut zwei Monate, bis Reich eine Antwort bekam. Sie war kühl. Reich verstand das nicht:

»*Am 70. Geburtstag hatte Freud uns gesagt, daß wir der Welt nicht trauen sollten. Die Feiern besagten nichts. Die Psychoanalyse werde nur akzeptiert, um besser zerstört werden zu können. Er meinte die Sexualtheorie. Doch ich hatte einen entscheidenden Beitrag gerade zur* Festigung *der Sexualtheorie geliefert – und Freud lehnte ab?*«

Freud machte die Katastrophe perfekt, als er im Herbst des gleichen Jahres den Aufsatz *Hemmung, Symptom und Angst* veröffentlichte, in dem er seine ursprüngliche Theorie der Angst (Libido in einer anderen Form) vollständig zurücknahm – während Reich ausgerechnet diesen Ansatz weiter ausgebaut hatte. Die Atmosphäre wurde von Tag zu Tag schlechter. Auf einer Versammlung im Dezember, an der auch das allmächtige Komitee teilnahm, erläuterte Reich seine Ansichten noch einmal ausführlich, und alle widersprachen ihm – auch Freud.

»*Ich blieb ruhig*«, berichtet Reich.

Zu ruhig. Kurze Zeit später versank er in tiefe Depressionen und bald darauf wurde bei ihm eine sich entwikkelnde Tuberkulose diagnostiziert. Im Januar 1927, als sein Buch veröffentlicht wurde, reiste er nach Davos in ein Sanatorium. Über die Monate, die er dort verbrachte (während gleichzeitig Thomas Manns *Zauberberg* Triumphe feierte), wissen wir nichts. Es existiert lediglich ein Foto, auf dem Reich mißtrauisch in die Linse sieht, und das er mit der Aufschrift versah:

»*WR in Davos. Febr. 1927. Konflikt mit Freud.*«

Warum ging ihm dieser Konflikt so nah, daß er im Sanatorium landete? War es überhaupt *das*, was ihm so nahe ging? Es gibt verschiedene Erklärungen für seinen Konflikt mit Freud.

Reichs Meinung nach stellten die sozialen Konsequenzen, die sich aus seiner Theorie immer deutlicher ergaben, Freud vor unlösbare Probleme – oder zumindest schreckten die älteren Mitglieder des Komitees, unter deren Einfluß Freud stand, vor diesen Konsequenzen zurück. Die Psychoanalyse war gerade dabei, an gesellschaftlicher Akzeptanz zu gewinnen, ihre Vertreter zogen im Triumph ins Establishment ein, und nun drohte Reich mit seinem Gerede über Wohnverhältnisse und diesem ganzen politischen Kram alles wieder zu verderben. Es besteht kaum Grund, daran zu zweifeln, daß Reich mit seiner Meinung recht hatte, und seine späteren Schwierigkeiten mit der IPV werden das beweisen. Aber all diese Probleme erklären nicht seine Depressionen. Auch Freud hatte früher ähnliche Probleme, aber er wurde nicht depressiv. Und woher kam diese Tuberkulose? Was bedeutete der Konflikt für *ihn selber*?

Nach Ansicht der meisten Psychoanalytiker war es Reichs Rigidität in bezug auf die Sexualität, die Freud zu weit ging. Besonders die undifferenzierte Weise, mit der Reich den Orgasmus als Heilmittel einsetzte, mißfiel ihm. Freud pflegte von Reichs »Steckenpferd« zu sprechen – erstaunlich, wenn man bedenkt, daß Freud ebendiese Sexualität früher einmal zum »Bollwerk« erklärt hatte.

Einige Psychoanalytiker meinen, der Auslöser für den Konflikt sei Freuds Weigerung gewesen, Reich zu analysieren. Das ist aber unwahrscheinlich, da jeder wußte, daß Freud nie seine engsten Mitarbeiter einer Analyse unterzog und er von dieser Regel keine Ausnahmen machte.

Etwas anderes ist, daß es Reich nie gelang, seine eigene Analyse zu vollenden: Die Widerstände hiergegen waren offenbar zu groß. In diesem Zusammenhang muß man wohl auch sein Hautleiden sehen, an dem er seit der Jugendzeit litt und das ihn bis zu seinem Tod immer wieder schwer erkranken ließ. Mit diesem Phänomen aus seiner frühen Jugend kommt auch die Lösung des Rätsels in Sicht. Wenn man noch die Meinung seiner ersten Frau mit in Betracht zieht, in Davos habe ein »Zerfallsprozeß« eingesetzt, und die Ansicht einiger seiner Kollegen hinzunimmt, die meinten, er sei nach seiner Rückkehr nicht mehr derselbe gewesen, dann ist es möglich, von diesem hohen Berg aus sein Leben zu überblicken und Aussagen darüber zu machen.

Wiederholung der Urszene

Reich hatte Freud *Die Funktion des Orgasmus* gewidmet, und die Atmosphäre erstarrte in moralistischer Vereisung: Freud wies ihn ab. Daraufhin bekam Reich Depressionen und entwickelte eine Tuberkulose. Der aber sind wir früher schon begegnet: beim verkappten Selbstmord seines Vaters, nachdem Reich ihm vom Verhältnis seiner Mutter erzählt hatte. Daß er sich Freud wie einem Vater zugehörig fühlte, hat er selber wiederholt zugegeben. Im übrigen legte Freud es darauf an. Man darf also annehmen, daß die Ereignisse ihn deshalb so hart trafen, weil sie die schicksalhafte Wiederholung seiner Urszene waren.

Er hatte Menschen beim Geschlechtsverkehr belauscht, hatte seine Beobachtungen über ihren Orgasmus schriftlich niedergelegt und bot das Skript seinem Vater, Freud, an, der sich von ihm abwendete. Was er damals in Juzynetz gesehen hatte, war einer Verdrängung zum Opfer gefallen, die durch keine Analyse rückgängig zu machen war. Aber dieses Erlebnis fand sich wieder in den zehn Punkten über den potenten Orgasmus und in seinen anderen Theorien über die allesbeherrschende Bedeutung der Sexualität, von der Freud nichts hören wollte.

So betrachtet werden Reichs Theorien zu *Symptomen* seiner Neurose reduziert – in Anbetracht der Tatsache aber, daß ich kein Psychologe bin, will ich damit nicht gleichzeitig behaupten, sie seien deshalb auch wertlos. Ungeachtet ihres neurotischen Ursprungs können sie dennoch *wahr* sein: Das muß man deutlich voneinander unterscheiden. Der Fall liegt hier ähnlich wie bei Echnaton, dem Neurotiker mit einem Ödipus-Komplex, der, im Gegensatz zu anderen Neurotikern mit Ödipus-Komplexen, eine Religion stiftete, während Letztere nur Unsinn reden. Ob es sich um eine Religion oder um Unsinn handelt, entscheiden immer andere. Dies kann man nicht genug betonen, denn später werden wir mit Theorien Reichs konfrontiert werden, die man sogar als *außergewöhnlich wahr* bezeichnen muß, obwohl andere Theorien, die wiederum auf diesen aufbauen, vollkommener Unsinn sind. Reich selber hat einmal gesagt, es müsse genau herausgearbeitet werden, wo der Wissenschaftler Freud aufhöre und der Bourgeois Freud anfange, wo die psychoanalytische Forschung die Kultur der Bourgeoisie korrigiere und wo die Bourgeois-Kultur die wissenschaftliche Forschung verneble und sie auf Irrwege führe. Genauso muß herausgearbeitet werden, wo der Wissenschaftler Reich aufhörte und der Wahnsinnige Reich anfing, an welcher Stelle der Wahnsinn seine Forschungen auf Irrwege führte. Nur für ihn wird es zwischen den richtigen Ergebnissen der Jahre 1923 oder 1933 keinen Unterschied zu den falschen der Jahre 1934, 1944 und 1954 geben. Er behauptete immer, daß er konsequent auf dem einmal eingeschlagenen Weg weitergegangen sei, was auch stimmte – nur ab einem bestimmten Zeitpunkt gab es keinen Weg mehr.

Man muß annehmen, daß er – auch wenn er sich wiederholt als genialer Psychoanalytiker erwiesen hatte – selber diese Zusammenhänge nie durchschaut hat. Auch er konnte sich nicht von außen betrachten, sein Trauma hatte er endgültig vergessen, und bis an sein Lebensende manifestierte es sich in immer phantastischeren Formen. Zum Schluß sollte er die ganze Welt in den Orgasmus seiner Mutter verwandeln, denn nur so konnte er seinen Vater – dem er alles verriet – aus der Welt vertreiben, um seinen Verrat und den Selbstmord seiner Mutter, an dem er schuld war, ungeschehen zu machen.

Und hier stoßen wir dann auch auf den Todestrieb. Hier ist in der Tat die Ursache dafür zu finden, warum Reich die Existenz eines solchen Triebes unter keinen Umständen zugeben konnte. Seine Mutter hatte sich das Leben genommen, und sein Vater hatte sich so lange ins kalte Wasser gestellt, bis er starb. Darum wurde Freuds Todestrieb sein Todfeind, der in Form von »unbewußten Schuldgefühlen« auch in ihm selber wohnte.

Im nachhinein ist klar, warum gerade Reich durch die Lektüre der *Drei Abhandlungen* von Freud, in denen die überragende Bedeutung der Sexualität behauptet wurde, so beeinflußt wurde, daß er den Rest seines Lebens damit verbrachte, diese Theorie zu beweisen – bis hin zur Absurdität. Sonst könnte man die Absurdität nicht erklären. Und wie absurde Schriften die letzten Jahre seines Lebens kennzeichnen, so steht am Anfang seiner publizistischen Laufbahn der Aufsatz *Ibsens Peer Gynt, Libidokonflikt und Wahngebilde*. Schon der Titel machte deutlich, womit er sich in Zukunft beschäftigen sollte: mit »Libidokonflikten« in der ersten Hälfte seines Lebens, mit »Wahngebilden« in der zweiten.

In *The Function of the Orgasm* widmet er dieser Arbeit ein Kapitel: »*Peer Gynt schien mir ein großes Geheimnis enthüllen zu wollen, ohne es ganz zu können.*« Er las dieses Drama immer wieder und vertiefte sich in alle Interpretationen, derer er habhaft werden konnte. Peer Gynt – eine Art Mischung aus Faust und Candide –, der Träumer, der Phantast, der Unabhängige, der von den Vernünftigen ausgelacht wird, von den Knechten und Allerweltsmenschen, der in die weite Welt zieht, sich in Politik, Sklavenhandel, Gaunerei und Scharlatanerie verzettelt, der von sich selber sagt, und das könnte auch von Reich stammen:

Das Gyntsche Selbst, das ist das Heer
von Wünschen, Sehnsucht und Verlangen.

Reich spricht nicht darüber, wie Peer seine Mutter verlassen hat: während er an Aases Krankenbett sitzt und redet und redet, stirbt sie, ohne daß er es merkt. *Das* ist das Geheimnis, daß sich nicht enthüllen will: reden – und dann plötzlich bemerken, daß man die eigene Mutter in den Tod geredet hat. Das Geheimnis findet sich nicht in irgendeiner Interpretation, sondern schlicht und einfach in dem, was dort steht.

Zum Beispiel der Anfang:

AASE: Peer, lügst du!
PEER: Nein, wahrhaftig!
AASE: Schwöre denn, daß alles wahr!
PEER: Weshalb schwören?
AASE: Pfui, so saftig
Logst du nicht im ganzen Jahr!
PEER: Ei, gelogen – keinesfalls!
AASE: Schämst dich nicht in deinen Hals,
Wie die Mutter du betrügst!

Oder am Ende, da er als alter, gebrochener Mann, sich selbst entfremdet, zu seiner früheren Geliebten zurückkehrt, die ihr Leben lang auf ihn gewartet hat:

PEER: Schrei aus meine Sünden!
SOLVEJG: Du hast mir zu einem schönen Gesang
Das ganze Leben gemacht, – o, Dank!
Dank, daß du kamst, währt's noch so lang!
O herrliches Pfingsten-Wiederfinden!
PEER: Verloren!

SOLVEJG: Ein andrer wiegt die Thaten.
PEER: Verloren! – Du könntest denn Rätsel raten!
SOLVEJG: Ein Rätsel? Nenn' es.
PEER: Ja nenn' es! Jetzt!
Weißt du, wo ich war, da wir sahn uns zuletzt?
SOLVEJG: Wo du warst?
PEER: Mit der Marke auf meiner Stirn;
Mit dem Gottesfunken in meinem Hirn!
Kannst du es sagen? Kannst du's entwirr'n?
Wenn nicht, versink' ich zum tiefsten Grund.
SOLVEJG: O das Rätsel ist leicht.
PEER: Gesegnet dein Mund!
Wär's möglich, daß ein Trost mir bliebe?
Wo war ich, ich selbst, – ungebrochen, – ganz –
Wie einst umstrahlt von Gottes Glanz?
SOLVEJG: Bei mir, in Glaube, Hoffnung, Liebe.
PEER: Was sagst Du? O schweige! So wärst du gar
Des Irrenden Mutter! – O rede wahr!
SOLVEJG: Das bin ich auch, und an ihrer Seit'
Der Vater, der ihm die Sünden verzeiht.
PEER: O meine Mutter, du sprichst mich los?
Verbirg mich, verbirg mich in deinem Schoß!
(Er klammert sich an ihr fest und verbirgt das Angesicht in ihrem Schoß.)

Der Charakter

Wir befinden uns immer noch im Jahr 1927, und schon nach ein paar Monaten hat Reich die Tuberkulose überstanden. Im Juni nahm er seine Arbeit im Ambulatorium für Mittellose wieder auf; hier fühlte er sich wohl, denn die meisten seiner jungen Kollegen unterstützten ihn in seinen Auffassungen. Die Krise in Davos hatte ihm offenbar gutgetan, denn nun beginnt eine fruchtbare Schaffensperiode. Der Übersichtlichkeit wegen ist es notwendig, hier zwei Entwicklungslinien zu unterscheiden, obwohl sie in Wirklichkeit untrennbar miteinander verbunden waren. Die eine Linie bildet die therapeutisch-wissenschaftliche Ausformung seiner »Charakteranalyse«, die andere seine sexualhygienisch-politischen Aktivitäten.

In psychoanalytischen Kreisen hielt man den Begriff »Charakter« für ein Überbleibsel aus der präfreudschen Psychologie, das man ruhig dem Renegaten Adler und seinem Schüler Künkel mit ihren Anhängern bei den Volksschulpädagogen überlassen konnte, oder Typen wie Kretschmer, die sowieso eher in die Zeit von Gall und Lavater gehörten als ins zwanzigste Jahrhundert, oder Verrückten in der Nachfolge Otto Weiningers. Reich nun holte den Charakter aus dem Orkus und gab dem Begriff eine neue Wendung. Es versteht sich von selbst, daß dies eine sexuelle Wendung war, die aber mehr war als einfach nur erstaunlich, wie seine Theorie über den potenten Orgasmus als Wundermittel gegen alle Leiden. Viele seiner Überlegungen sind in die offizielle Psychoanalyse eingegangen, die es aber nie für notwendig gehalten hat, dies auch zuzugeben.

Bei seiner Arbeit im Ambulatorium und im Technischen Seminar hatte Reich bemerkt, daß beim Bewußtwerden der verdrängten Wunschkomplexe zwar die Ängste und Symptome verschwanden, wodurch die gebundene Libido freigesetzt wurde, daß dies aber nicht in allen Fällen auch bedeutete, daß der Patient völlig genesen und für den Rest seines Lebens ein orgastisch potenter Mensch war. In vielen Fällen war das Verhältnis zum anderen Geschlecht zwar entspannter geworden, aber insgesamt gesehen zeigten die Patienten sich weiterhin verkrampft: von wirklicher Gesundheit konnte keine Rede sein. Daraus folgerte Reich, daß im Menschen offenbar noch anderswo sexuelle Energie gelagert wurde. Wo? Im Charakter.

Auch diese Erkenntnis wurde von Freud – in einem Artikel über den »analen Charakter«, den er 25 Jahre zuvor geschrieben hatte – vorbereitet. Bei Reich aber wurde daraus eine ausformulierte Theorie mit dazugehöriger Therapie.

Zu dieser Schlußfolgerung hatten auch die Erfahrungen beigetragen, die Reich mit etlichen seiner Patienten gemacht hatte, die durch ihre allgemeine *Einstellung* die Analyse sabotierten. Beispiele für diese Sabotagehaltung sind eine übertriebene Freundlichkeit der Patienten, an der alles abgleitet, oder eine verkrustete, chronisch-depressive Haltung, an der die Behandlung wie an einer Mauer abprallt. Dergleichen bezeichnete Reich als »Charakterpanzerung«, die man unter dem gleichen Blickwinkel betrachten mußte wie das neurotische Symptom: Auch diese charakterlichen Panzerungen bestanden aus aufgestauter sexueller Energie. Solange diese Panzerung nicht analog zu den Symptomen behandelt wurde, solange ihre Energie nicht auf analoge Weise befreit und der orgastischen Potenz, die für ihren Abbau sorgte, zur Verfügung gestellt wurde, solange war auch der Patient nicht genesen. Eine Neurose war kein *Fremdkörper* in einem ansonsten intakten System, sie war nicht so etwas wie eine Sicherheitsnadel, die man verschluckt hatte, die aber nur operativ entfernt werden mußte, und danach war der Organismus wieder gesund – im Gegenteil: Die Neurose bestimmte das gesamte Dasein des Menschen. Der Charakter glich einer geologischen Formation, an der man mit geschultem

Blick die ganze Geschichte dieses Individuums ablesen konnte:

»Es bestand kein Gegensatz mehr zwischen Historischem und Aktuellem. Die gesamte Erlebniswelt der Vergangenheit lebte in der Form der charakterlichen Haltung in der Gegenwart. Das Wesen eines Menschen ist die funktionelle Summe aller vergangenen Erlebnisse.»

Die klassische Psychoanalyse kam nicht an die Erinnerungen heran, die vor dem Zeitpunkt des Sprechenlernens liegen, also ungefähr dem zweiten Lebensjahr; Erfahrungen, die vor dieser Zeit gemacht wurden, können nie in Worten erinnert werden. Mit der Methode aber, die Reich in seiner *Charakteranalyse* entwickelte, wurde es seiner Auffassung nach möglich, diese Grenze zu überschreiten. Er behauptete, er könne sogar pränatale Erlebnisse zugänglich machen – Erlebnisse, von denen bis dato nur Salvador Dalí berichtet hatte.

Wie dem auch sei, mit diesem Anspruch jedenfalls hatte er den Ausgangspunkt der strukturalistischen Psychoanalyse der sechziger Jahre schon hinter sich gelassen. Nach Lacan kommt man nur über die Sprache an das Unbewußte: *erzählte* Träume, Versprecher usw. Für ihn ist die moderne Linguistik die Methode für eine wissenschaftliche Auseinandersetzung mit dem Unbewußten, ja, er behauptet, daß die Struktur des Unbewußten mit der der Sprache identisch ist. Aber soweit ich informiert bin, findet sich nirgendwo im Werk Lacans eine Ablehnung der Charaktertheorie Reichs; er erwähnt sie nicht einmal, woraus man ersehen kann, wie gründlich man im Laufe der Jahre sein Werk unter den Teppich gekehrt hat.

Für Reich waren sogar die Traumata der allerfrühesten Kindheit als charakterliche Verhärtungen immer noch präsent und bis in die Gegenwart wirksam. Sie hatten nicht nur die Funktion einer Panzerung gegen andere Menschen, sondern dienten vor allem den Betroffenen als *Korsett* für ihre Ängste und Aggressionen. Auch die Panzerungen selber bestanden aus – gleichsam zu Eis erstarrten – Ängsten und Aggressionen. Wenn man im Bild bleibt, dann sind die wirklichen Ängste und Aggressionen der flüssige Aggregatzustand der Libido, die bei Zimmertemperatur gasförmig zu sein hat: die orgastische Lust. Manchmal sind diese Panzerungen Harnische, Hindernisse, Lähmungen, manchmal kann man sie besser mit Gelee, mit Schlamm, Leim oder Kaugummi vergleichen, nämlich dann, wenn sie sich in Form von extremer Höflichkeit, in Zurückhaltung, Verlegenheit, ständiger Ironie, Bescheidenheit oder anderer Tugend äußern, die nur der Ersatz für ein natürliches und ungezwungenes Verhalten sind.

Dies alles bedeutete die Entdeckung einer neuen, und der mit Abstand größten, Gruppe von Neurotikern: denjenigen nämlich, die nicht an irgendwelchen spezifischen Symptomen litten, sondern an einer »Charakterneurose«. Mit dieser Methode wurde ein völlig neues Arbeitsgebiet erschlossen. Selbstverständlich hatten Analytiker, unabhängig von ihren technischen Schlußfolgerungen, immer schon eine intuitive Meinung über ihre Patienten gehabt. Mit Reichs Charakteranalyse wurde die Intuition systematisiert und zur Methode erhoben. Man könnte sagen, daß hiermit zum ersten Mal »Menschenkenntnis« zur Wissenschaft wurde. Es gibt eine Reihe von Belegen dafür, daß Freud selbst, der Hippokrates der Psychologie, ein schlechter Menschenkenner war; mit Reich wurde der Menschenkenner zu einem Mann der Wissenschaft, nachdem er sich zuvor jahrhundertelang hauptsächlich in Kneipen, dubiosen Theaterstücken und den Romanen von Jakob Wassermann herumgetrieben hatte. Von diesem

Zeitpunkt an war für Reich nicht mehr nur von Interesse, *was* seine Patienten träumten und *welche* Assoziationen sie dabei hatten, sondern auch, *wie* sie dies taten. Darüber hinaus interessierte ihn, wie sie sein Sprechzimmer betraten, wie sie guckten, ihm die Hand gaben, wie sie sich eine Zigarette anzündeten, sich auf die Couch legten usw. Sie konnten mit ihrem Verhalten nicht so *lügen*, wie sie es mit ihren Worten taten. Auch die klassische Klage der Psychoanalytiker, daß der Patient irgendwann »kein Material« mehr lieferte, sondern nur schweigend dalag (manchmal vergingen so mehrere Behandlungsstunden in Folge), war nun gegenstandslos, denn er schwieg jedesmal auf eine bestimmte Art, und in der Art seiner verbalen Impotenz zeigten sich seine Probleme genauso wie in seinem Sprechen.

Der Psychoanalytiker der alten Schule pflegte wie eine Art freundliches, aber unsichtbares Über-Ich hinter dem Patienten zu sitzen. Reich war der erste, der diese Position verließ und aktiv auf die Patienten einwirkte. Dies konnte bis zur Provokation gehen:

»Wieso lächeln Sie eigentlich ständig? Was gibt es hier zu lachen? Welchen Gesichtsausdruck versuchen Sie mit diesem Lächeln zu verbergen? Welchen Gesichtsausdruck hätten Sie, wenn Sie nicht lächeln würden? Hören Sie endlich auf damit.«

Und wenn der Patient dann immer noch nicht aufhörte, dann imitierte Reich ihn – hierfür scheint er ein besonderes mimisches Talent gehabt zu haben. Man muß sich klarmachen, was das bedeutet: *der Verrückte wird nachgeäfft*. Damit kehrte die Therapie zu einer Methode zurück, die vom Volk von alters her bei Verrückten angewandt wurde. Umgekehrt darf man hieraus den Schluß ziehen, daß sich in dieser, zweifellos barbarischen, Sitte ein therapeutischer Kern verbarg.

Wenn Reich auf irgendeine Weise das Brecheisen in die Panzerung gestemmt hatte, dann mußte die darin gefesselte Libido zunächst in Form von Angst und Aggression freiwerden. Gelang dies, stampfte der Patient vor Wut schäumend durchs Zimmer, und der erste Schritt auf dem Weg zur Genesung war gemacht. Wurde der Patient völlig gesund, dann war er ein anderer Mensch; anstatt eines »neurotischen Charakters« hatte er jetzt einen »genitalen Charakter« – die Fähigkeit zur totalen Befriedigung: ohne falsches Lächeln, nirgendwo mehr ein Rest von Pedanterie, kein sadistisches Affentheater mehr, keine Unentschlossenheit, kein Verlangen mehr nach – gleich welchen – Rausch, denn all dies war nun zum Brennholz für seinen Orgasmus geworden.

Der genitale Charakter des neuen Menschen, der sich aus der Asche erhob, war auch etwas völlig anderes als der neurotische – der Unterschied war weniger der zwischen »gesundem« und »krankem Charakter«, als vielmehr der zwischen *keinem Charakter* und *einem Charakter*. Letztendlich behauptete Reich in seiner Theorie, bei Frustrationen werde die sexuelle Energie nicht *im* Charakter gebunden, sondern *als* Charakter. »Charakteranalyse« bedeutete eigentlich *Charakterzerstörung*. Charakter haben heißt: so sein und nicht anders, was Einschränkung der Freiheit bedeutet. Das Wesen des Menschen aber ist die Freiheit – und die kann er nach Reich nur mit Hilfe des Orgastischen erlangen.

Hieraus resultiert auch sein überaus optimistisches Menschenbild:

»An der Oberfläche trägt er die künstliche Maske der Selbstbeherrschung, der zwanghaften unechten Höflichkeit und der gemachten Sozialität. Damit verdeckt er die zweite Schicht darunter, das Freudsche ›Unbewußte‹, in

dem Sadismus, Habgier, Lüsternheit, Neid, Perversion aller Art etc. in Schach gehalten sind, ohne jedoch das geringste an Kraft einzubüßen. Diese zweite Schicht ist das Kunstprodukt der sexualverneinenden Kultur und wird bewußt meist nur als gähnende innere Leere und Öde empfunden. Hinter ihr, in der Tiefe, leben und wirken die natürliche *Sozialität und Sexualität, die* spontane *Arbeitsfreude, die* Liebesfähigkeit. *Diese letzte und dritte Schicht, die den* biologischen Kern *der menschlichen Struktur darstellt, ist unbewußt und gefürchtet. Sie widerspricht jedem Zug autoritärer Erziehung und Herrschaft. Sie ist gleichzeitig die einzige reale Hoffnung, die der Mensch hat, das gesellschaftliche Elend einmal zu bewältigen.*«

Auch für Jung gab es jenseits des persönlichen Unbewußten noch eine dritte Schicht: das kollektiv Unbewußte mit seinen Archetypen, das den Einzelnen mit allem und jedem verband, so wie Inseln durch den Meeresboden miteinander verbunden sind. Am Ende seines Lebens nannte Jung es schlicht »Gott«. (Reichs erste Schicht, die der Maske, ist bei Jung übrigens in der Gestalt der »Persona« ein Segment der dritten Schicht seines kollektiven Unbewußten.) Bei Freud jedoch, dem Pessimisten, kam nach dem persönlichen Unbewußten nichts mehr. Voller Verzweiflung muß sich bei ihm das arme Ich zwischen den vulkanischen Eruptionen aus der Unterwelt und den vernichtenden Zurechtweisungen des Über-Ich behaupten. Eine hoffnungslose Situation.

Für Freud war der Mensch ein tragischer Irrtum, bei Jung konnte er Heiligkeit erlangen, aber nur bei Reich erscheint er als ein letztendlich einfaches und anständiges Wesen, das dazu bestimmt ist, in Liebe und Glück mit seinen Mitmenschen zusammenzuarbeiten.

Wenn man sich fragt, mit welchem dieser Menschenbilder das Leben Reichs die meiste Ähnlichkeit hat, dann ist es zweifellos das von Freud.

Ein Selbstmord

Reich berichtet, er sei oft, wenn er mit körperlicher Gewalt versuchte, die Charakterwiderstände aufzubrechen und Aggressionen freigesetzt wurden, in Gefahr gewesen. Aber er bemerkt auch stolz, er habe nie einen Scherbenhaufen angerichtet: keiner seiner Patienten hat, obwohl Reich vielbeschäftigt und mit den unterschiedlichsten Fällen konfrontiert war, Selbstmord begangen. Das können nicht alle seiner Kollegen von sich behaupten. Und eigentlich kann er selber es auch nicht, denn in gewisser Weise *begann* seine psychiatrische Karriere mit einem Selbstmord, der die Folge seines Eingreifens war: der seiner Mutter – dem kurze Zeit später der des Vaters folgte.

Allerdings erinnert Reichs Bemerkung noch einmal daran, in welchen Bereichen sich all dies abspielt. Als orgastisch mehr oder weniger potenter Mensch kann man – gemäß der Theorie – charakterlos und gemütlich auf dem Sofa liegen, die Werke von Freud, Jung oder Reich lesen und sich an ihren Kombinationen und Schlußfolgerungen erfreuen, bis plötzlich ein Bericht über eine junge Fabrikarbeiterin, die sich mit einem Messer befriedigt, einen anderen Ton anschlägt: den der Hölle. Die Psychoanalyse ist erst in zweiter Linie eine Anthropologie oder eine Kulturphilosophie; in erster Linie ist sie eine Sturmlaterne für den Marsch durch eine dunkle Gegend, in der ununterbrochen der Selbstmord auf der Lauer liegt.

Einmal mußte ich miterleben, wie ein Psychiater mit einem Patienten, der sich umgebracht hatte, konfrontiert wurde.

Der Patient war mein Freund Theo Stibbe, und befreundet waren wir vor allem wegen unserer gemeinsamen Sympathien für Kuba, die auch etwas mit unserer Vorstellung vom »neuen Menschen« zu tun hatten. Er war der letzte ausländische Journalist, der Che Guevara interviewt hat, und in der Nacht, in der Che offensichtlich – wie sich später herausstellte – ermordet wurde, stand ich neben Stibbe auf einem Balkon; er betrachtete die flanierende Menge auf dem Platz unter uns und sagte:

»Trotzdem würde ich lieber mit Che durch den Dschungel streifen.«

Der Dschungel, durch den Theo sein ganzes Leben zog, war nicht der von Bolivien, sondern der seiner Jugend; deswegen machte er eine Analyse. Er hatte ununterbrochen die allergrößten Probleme, und jetzt, da ich Reich gelesen habe, verstehe ich seinen schwierigen Charakter, mit dem er seinen Freunden immer wieder die schwersten Prüfungen auferlegte – wenn auch nicht so schwere wie sich selbst –, etwas besser; auch seine dubiosen Anrufe, spät abends:

»Rate mal, mit wem ich jetzt gerade im Bett liege.«

Als Kind hatte er ein schwieriges Verhältnis zu seinen Eltern, die dann später, weil sie Juden waren, ermordet wurden, so daß ihm noch ein zusätzliches Schuldgefühl aufgebürdet wurde: sein Vater ging ins Gas, seine Mutter fiel medizinischen Experimenten zum Opfer. Weitere Schuldgefühle hatte er, da er sich vage daran erinnerte, daß er ohne es zu wissen, als kleiner, im Untergrund versteckter Junge die anderen in dem Versteck verraten hatte. Er selber wurde damals verhaftet, später jedoch befreit und bei einer christlichen Familie untergebracht. Nach dem Krieg holte man ihn mit Gewalt aus dieser Familie und steckte ihn in ein jüdisches Waisenhaus; daraufhin beging er eine Reihe von Einbrüchen und landete schließlich in einer Anstalt für Schwererziehbare, von dort lief er weg und meldete sich zur Fremdenlegion; am Ende setzte er seinen Willen durch: die Rückkehr zu seinen christlichen Pflegeeltern. Er wurde ein erfolgreicher, linker Journalist und engagierte sich im algerischen Freiheitskampf. Es ging ihm besser, aber nach dem Tod Ches, nach dem Zusammenbruch der Revolte in Paris im Jahr 1968, nach der Besetzung Prags und den Schwierigkeiten auf Kuba begann auch sein Zusammenbruch. Tabletten. Depressionen. Waffen. Im Februar 1970 starb sein Bruder, der Sohn seiner Pflegeeltern: auch dort schlug der Tod nun also zu.

Immer wenn ich ihn damals traf, interessierte er sich ausschließlich für meine Armbanduhr. Er faßte mich am Handgelenk und konnte seinen Blick nicht davon abwenden. Die Uhr ist schön, sie hat eine Stoppuhr und etliche interessante Zeiger; vor allem aber befindet sich im Zifferblatt eine Aussparung, hinter der sich eine blaue Scheibe dreht, auf die ein goldener Mond gezeichnet ist; dieser Mond hat, wie es sich gehört, Augen, Nase, Mund und geht pünktlich auf und unter. Das faszinierte ihn. Er war bereit, mir für diese Uhr jeden Preis zu zahlen, aber ich wollte sie nicht verkaufen. Tagelang hat er mit einer Freundin alle Geschäfte abgeklappert, um die gleiche Uhr noch einmal zu finden, umsonst.

Drei Wochen nach seinem Bruder starb unser gemeinsamer Freund, der Dichter Ed Hoornik. Ein paar Tage vorher hatte er mit Theo Stibbe einen fürchterlichen Streit über die Zeitschrift gehabt, deren Redakteure wir drei waren. Ich war es, der mit ihm nach oben ging und ihm den Toten zeigte. Merkwürdig unruhig betrachtete er die Leiche eine Weile, wobei er immer wieder zu mir, und wahrscheinlich auch meiner Uhr, hinübersah. Anschließend gingen wir zusammen mit einem Freund essen und machten, ganz im Geiste des Verstorbenen, die ekelhaftesten Witze über das Fleisch, das uns serviert wurde. Stibbe machte einen entspannten Eindruck, und es schien, daß er das Ganze recht gut verkraftete. Drei Tage später begruben wir Hoornik, und als wir anschließend mit einer ganzen Reihe von Leuten in dessen Haus zusammensaßen, sagte plötzlich jemand:

»Wo ist eigentlich Theo?«

Wir riefen bei ihm an, aber es war besetzt, und auch nach einer Stunde ertönte immer noch das Besetztzeichen. Irgendwer rief Theos Freundin an, damit sie mit einem Nachbarn einmal nach dem Rechten sehe. Eine Viertelstunde später klingelte das Telefon, und sie berichtete, daß er die Tür nicht aufmache. Dann müsse ein Fenster eingeschlagen werden, meinten wir. Die Spannung im Zimmer stieg ins Unerträgliche. Fünf Minuten später erfuhren wir per Telefon, daß Theo tot war. Ich hatte das Gefühl, daß in diesem Moment schwarze Tücher im Zimmer flatterten. Panik brach aus: der zweite Tote innerhalb von drei Tagen – dies war erst der Anfang eines *Prozesses*. Einige von uns sprangen in ein Auto und fuhren hin. Das eingeschlagene Fenster. Die Tür offen. Da lag Theo. Das Schlimmste hatte er uns dadurch erspart, daß er nicht den Revolver benutzt hatte, aber durch Mund und Nase quoll das Gift in Form von weißem Schaum aus seinem gärenden Magen. Eine Hand ruhte auf seiner Brust und umklammerte den Telefonhörer. Offenbar hatte er im letzten Moment noch versucht, Hilfe zu holen, hatte es aber nicht mehr geschafft zu wählen. Mein erster Gedanke war: Ein achtjähriger Junge, am Ende ist doch noch die SS gekommen und hat ihn umgebracht. Erschöpft sank ich in einen Sessel, und kurze Zeit später sah ich, daß auch Theos Psychiater gekommen war, ein bekannter Psychoanalytiker: Er hatte den Kopf zwischen die Schultern gezogen, die Hände steckten tief in den Jackentaschen, schweigend stand er gegen die Wand gelehnt, in seinen Augen der Blick eines Wahnsinnigen. Ich war wütend.

»Herzlichen Glückwunsch!« sagte ich.

Aber ich hatte kein Recht, so streng zu sein. Auch ich hatte meine Uhr nicht abgenommen und ihm um das Handgelenk gelegt.

Psychoanalyse und Marxismus

1933 erschien Reichs Buch *Charakteranalyse*. (Überflüssig zu erwähnen, daß der Band, der heute unter dem Titel *Character Analysis* vorliegt, durch spätere Ergänzungen verdorben wurde; außerdem wurde ein Kapitel gestrichen.) Mit diesem Buch – seinem wichtigsten Beitrag zur Psychiatrie – gelang es Reich, den Einfluß des sexuellen Bollwerks bis weit hinter das Gebiet der Neurosen auszuweiten. Ansätze dazu gab es seit 1922, aber erst nach seiner Entlassung aus dem Sanatorium im Jahre 1927 hatte die Theorie definitiv Form angenommen. Die Kombination seiner Orgasmustherapie mit der Charakteranalyse nannte er »Sexualökonomie«, um sie so deutlich von der offiziellen Psychoanalyse, von der sie sich mehr und mehr trennte, zu unterscheiden.

Der Begriff »Ökonomie« deutet bereits auf den anderen

wichtigen Entwicklungsstrang seiner Theorie seit 1927: dem sexualhygienisch-politischen, der Reich dazu diente, die Kanonen seines Bollwerks auf die Gesellschaft zu richten. Der Auslöser hierfür war ein politisches Ereignis, das kurz nach seiner Rückkehr aus Davos stattfand: die sozialdemokratischen Unruhen in Wien am 15. Juli, bei denen es Hunderte von Toten und Tausende von Verletzten gab und in deren Verlauf der Justizpalast in Flammen aufging. Freud war schockiert; in einem Brief an Reich fragt er sich, was aus der Welt werden solle. Darüber machte Reich sich seine eigenen Gedanken.

Nur umfassende Vorsorge konnte das Volk von seinen Neurosen heilen, und in Anbetracht der Tatsache, daß die ganze Gesellschaft bis in ihre kleinsten Ausläufer auf sexueller Unterdrückung basierte, bestand die einzige wirkliche Prophylaxe in der Beseitigung dieser Unterdrückung. Zu dieser Schlußfolgerung gelangte Reich auf dem Weg der Psychoanalyse, aber die einzige gesellschaftliche Kraft, die eine Revolution machen konnte, war das Proletariat, allerdings nur unter der Führung ihrer Vorhut, der kommunistischen Partei. Noch am Tage des Aufstandes – an dem er aktiv teilgenommen hatte – trat er in die Partei ein und nahm auch später an Aktionen auf der Straße, zum Beispiel Demonstrationen, teil, oder aber er verteilte allein Flugblätter an den Fabriktoren. Er gründete die *Sozialistische Gesellschaft für Sexualberatung und Sexualforschung* und begann, sich den Kopf über die notwendige Verbindung von Psychoanalyse und Marxismus zu zerbrechen.

1929 eröffnete er mit eigenen Mitteln die *Sexualberatungsstelle für Arbeiter und Angestellte*. Damit waren die »Mittellosen« des Ambulatoriums politisch definiert. Acht Ärzte (darunter seine Frau Annie) und zwei Rechtsanwälte berieten hier kostenlos bei Fragen zur sexuellen Aufklärung, informierten über Geburtenkontrolle, halfen bei Eheproblemen und anderen genitalen Frustrationen, wie den Schwierigkeiten, die viele junge Menschen mit dem Tabu hatten, das auf der Onanie ruhte. Aber auch die Sozialgesetzgebung und die gesellschaftlichen Hintergründe der Dogmen der katholischen Kirche wurden erläutert. Reich zufolge war Freud, im Gegensatz zu den anderen Psychoanalytikern, nie ein Gegner dieser Kliniken, von denen es sehr bald sechs gab. Auch öffentliche Lesungen und Diskussionen wurden hier veranstaltet, und am Ende seines Lebens wird Reich behaupten, daß er noch immer von den Erfahrungen aus dieser Zeit zehre (*Reich speaks Freud*):

»Meine Aufgabe war es, die Schranke zu durchbrechen, die die Menschen von ihrem Privatleben trennt. Verstehen Sie? Niemand spricht darüber, niemand wagt daran zu rühren. Niemand, niemand. Punkt eins war, da hindurch zu brechen. Ich sagte zu meinen Patienten: Ich werde euch direkte Fragen stellen, ich werde euch direkte Antworten geben. Keinen Zirkus. Und es funktionierte phantastisch. Nie werde ich die heißen, glühenden Gesichter vergessen, die strahlenden Augen, die Spannung, den Kontakt. Es besteht kein Zweifel, Dr. Eissler, daß diese Methode auf allen Gebieten siegen wird. Sie wird der Tod jedes Diktators sein. Es besteht kein Zweifel an der sozialen Kraft, die darin steckt. Das ist die Kraft der Zukunft. Das ist die sexuelle Revolution.«

Neben diesen praktischen Arbeiten war Reich mit der Verbindung von Libidotheorie und Marxismus beschäftigt. Nie zuvor hatte jemand dies versucht, und hiermit nahm der geborene Praktiker eine Arbeit auf sich, die kaum seinem Talent entsprach. Er las die Werke von Marx und Lenin und vor allem natürlich Engels Schrift *Der Ursprung der Familie, des Privateigentums und des Staates.* Hier fand er die Anknüpfungspunkte, die er brauchte. Sein erster Artikel über die große Synthese, *Dialektischer Materialismus und Psychoanalyse*, erschien 1929 in der Moskauer Zeitschrift »Pod znamenem marksizma« (»Unter dem Banner des Marxismus«).

Natürlich war ihm klar, daß der Marxismus nicht bereit sein würde, auch nur das kleinste Zugeständnis zu machen, um sich der Psychoanalyse anzupassen. Von so etwas wie einem »Kompromiß« konnte keine Rede sein, und seine einzige Chance lag darin zu beweisen, daß die Psychoanalyse nicht in einem bürgerlich-idealistischen Widerspruch zum Marxismus stand, sondern selber auch eine materialistische, dialektische Grundlage hat. Das Beste, das er erwarten konnte, war, den Marxismus dazu zu bringen, sich um eine zur »Sexualökonomie« radikalisierte Psychoanalyse *zu ergänzen*. Auch die ursprüngliche Psychoanalyse war von ihrer Art her revolutionär gewesen, hatte sich aber mit der Einführung des Todestriebes der herrschenden Ordnung angepaßt – ähnlich wie die Sozialdemokratie, die vom revolutionären Marxismus abgewichen und im sicheren Hafen der herrschenden Ordnung gelandet war. Während Freud die Führung der Menschewiki übernommen hatte, betrachtete Reich sich als den bolschewistischen Lenin der Psychoanalyse.

Erneute Ablehnung

Die erste Enttäuschung erlebte Reich noch im selben Jahr, als er den Sowjetstaat des wirklichen Lenin, der allerdings inzwischen von Stalin abgelöst worden war, besuchte. Unmittelbar nach dem Gelingen des Umsturzes hatte Lenin, getreu den Theorien von Engels über die Familie, ein Dekret »Über die Abschaffung der Ehe« ausgefertigt. Hierin wurde die Gleichberechtigung der Frauen festgeschrieben, Ehebruch gab es nicht mehr, nur noch »Betrug«: Betrug war, wenn man ein Verhältnis mit jemandem anders hatte und dies seinem Partner *verschwieg*. Der Austausch der Ehe gegen das Arbeiterkollektiv entsprang nicht der Einsicht in die sexuelle Not, sondern war politisch motiviert: Immer und überall war die Familie die Brutstätte des Konservatismus. Der Homosexuellenparagraph verschwand aus dem Gesetzbuch, Geburtenkontrolle wurde eingeführt, Abtreibungen legalisiert, und eine Reihe weiterer Maßnahmen wurde ergriffen und von der Bevölkerung jahrelang diskutiert. Doch als Reich in Moskau ankam, gehörte der demokratische Sozialismus schon wieder der Vergangenheit an. 1924 war Lenin gestorben, und im Jahr 1929 festigte Stalin seine autokratische Diktatur. Was den Jugendlichen noch an sexueller Aufklärung geboten wurde, war in Reichs Augen *anti*-sexuell: Vorträge über Geschlechtskrankheiten wurden dazu benutzt, um den Menschen Angst vor dem Geschlechtsverkehr einzujagen; über den biologischen Aspekt der Fortpflanzung wurde ausführlich gesprochen, aber über die sexuellen Probleme junger Menschen nicht. Seine Vorträge an der Universität und in psychiatrischen Instituten fanden kaum Zustimmung; die immer stärker spürbar werdende stalinistische Bürokratie war offenbar ebenso autoritär-moralistisch wie andere Bürokratien, und so kam Reich zu dem Schluß, daß Lenins revolutionäre Gesetze (die sehr bald der Reihe nach abgeschafft wurden) zwar für die damalige Regierung sprachen, in der Masse aber nicht hatten Fuß fassen können. Der Grund hierfür war, daß man nicht so wissenschaftlich an die Sache herangegangen war, wie zum Beispiel bei der Abschaffung der Religion, die vollkommen zu gelingen schien. Für die Sowjetunion kam seine Wissenschaft der Sexualökonomie zu spät. Die Familie stand bereits wieder in hohem Ansehen.

Die zweite Enttäuschung erlebte er im Jahr darauf, 1930, und sie kam von seiten der Psychoanalyse: Es war die Publikation von *Das Unbehagen in der Kultur*. Mit diesem Buch distanzierte Freud sich noch weiter von Reichs Pansexualismus. Nach Reichs Meinung entstand dieses Buch aus den Diskussionen, die er mit Freud über sein Werk führte: Der Band war gegen ihn persönlich gerichtet. Kultur konnte nur aus der Unterdrückung der unmittelbaren Triebbefriedigung entstehen. Sowohl die direkte Befriedigung des Eros in der Sexualität als auch die Befriedigung des Todestriebes in Aggression und letztendlich in der Selbstzerstörung führten zum Ende der Gesellschaft. Dem Realitätsprinzip folgend mußte der Todestrieb in Gestalt des Über-Ich die Libido lenken. Die Unsicherheit dieses Gleichgewichts war der Grund für das Unbehagen an der Kultur, denn es konnte jeden Moment zerstört und durch das Lustprinzip verdrängt werden: Die Folge war Verwüstung. Für Reich bedeutete diese Theorie, daß zwar die herrschende Klasse in den Genuß der sublimierten Genüsse der Kultur kam, daß aber dem einfachen Volk nichts anderes als die Verdrängung blieb, die »neurotische Pest«, denn sie hatten nichts von all dem herrlichen Luxus und den frommen Wünschen des inzwischen vierundsiebzigjährigen, todkranken, desillusionierten Freud.

Die dritte Enttäuschung erlebte Reich noch im gleichen Jahr: In der Zeitschrift »Pod znamenem marksizma« erschien in zwei Lieferungen eine detaillierte Kritik seines Aufsatzes *Dialektischer Materialismus und Psychoanalyse*. Der Autor, I. Sapir, stampfte Reichs Argumente für den sowohl dialektischen als auch materialistischen Charakter der Psychoanalyse in Grund und Boden. In Wirklichkeit sei sie biologistisch und vernachlässige die ökonomischen und sozialen Aspekte. Der Marxismus habe keinerlei Bedarf an einer Ergänzung seiner Theorie in diese Richtung, denn sie deformiere ihn nur. Reich habe zweifellos die besten Absichten, aber sein Aufsatz sei *»keineswegs ein Ausdruck der richtigen marxistischen Ansichten über die Freudsche Lehre«*.

Die vierte Enttäuschung folgte bald darauf: Auf Befehl der Partei wurden alle seine Kliniken geschlossen.

SexPol, Berlin

Reich fiel erneut in Depressionen. Er erkrankte zwar nicht an Tuberkulose, aber die Ereignisse des Jahres 1927 hatten sich wiederholt. Jetzt hatte er versucht, die sexuelle Freiheit seiner Mutter auf die ganze Gesellschaft auszuweiten, und wieder erstarrte alles in moralistischer Vereisung, wieder wurde das mütterliche Lustprinzip vom väterlichen Realitätsprinzip vernichtet, wieder wurde der Kurier mit der sexuellen Botschaft vom Vater, der im Sterben liegt, abgewiesen: diesmal war es nicht nur der Vater in Gestalt von Freud, sondern auch in Gestalt von Stalin, der, nachdem er die absolute Macht an sich gebracht hatte, genau die autoritär strukturierte Familie wieder in ihre alten Rechte eingesetzt hatte, mit der Reich als Kind so schreckliche Erfahrungen gemacht hatte, daß er sich nicht einmal mehr daran erinnern konnte.

Reich war nun 33 Jahre alt und verspürte zum zweiten Mal das Bedürfnis nach einer Analyse. Alles deutet darauf hin, daß es Freud war, der ihm den in Berlin praktizierenden Sandor Rado empfahl. Allem Anschein nach hatte auch niemand etwas dagegen, daß Reich für eine Weile aus Wien verschwand. Er zog um, und gegen seinen Willen kamen kurze Zeit später auch seine Frau und die beiden Töchter nach. Er stellte sie vor die Wahl: Entweder würden die Kinder in einem kommunistischen Heim untergebracht, oder er reiche die Scheidung ein. Ersteres geschah. Reich ließ sich auf keinen Kuhhandel ein. Genauso, wie er sich damals just in dem Moment Freuds radikale Libido-Theorie zu eigen machte, als der sie fallen ließ, übernahm er nun von Engels und Lenin die radikale Familientheorie in dem Moment, als Stalin sie fallen ließ. Zwar entsprach er damit der theoretischen Forderung von I. Sapir, den sozialen Aspekt mehr zu betonen, aber er geriet auch in den gleichen Widerspruch zwischen Theorie und Praxis, wie er sich in der Sowjetunion aufgetan hatte. Reich veröffentlichte *Geschlechtsreife, Enthaltsamkeit, Ehemoral, eine Kritik der bürgerlichen Sexualreform*, worin er den Herd der sozialen Neurosenpest lokalisierte: die monogame »Zwangsfamilie«, in der sowohl die Eltern als auch die Kinder pervertiert wurden – in Wirklichkeit eine übersteigerte Verteidigung des Verhaltens seiner Mutter. Wieder posaunt er es aus.

Auch diesmal beendete er seine Analyse nicht. Rado emigrierte nach einem halben Jahr in die Vereinigten Staaten und ließ Reich mit seinen Depressionen zurück. Das war kein feiner Zug von Rado, aber er ging nicht zu seinem Vergnügen weg. Außer Reich war auch die kapitalistische Welt in eine Krise geraten. Kaum war die Inflation überwunden, stürzte das Kreditwesen in sich zusammen, die Arbeitslosenzahlen stiegen, und in Deutschland brachten die Wahlen Gewinne für die Nazis und die Kommunisten, die sich blutige Straßenschlachten lieferten, bei denen das Bürgertum mit den Erstgenannten sympathisierte, so daß diese schon bald zur größten Partei wurden. So schlimm wie der Bolschewismus, der Gott und Familie abgeschafft hatte, konnte schließlich – per definitionem – nichts auf der Welt sein.

Depressionen und äußere Widerstände hinderten Reich während dieser Zeit nicht daran, eine bestürzende Produktivität zu entwickeln. Er erweiterte seine Theorie der Charakteranalyse, hielt Kurse an der Marxistischen Arbeiterschule ab, sprach im ganzen Land auf Massenkundgebungen, eröffnete seine Kliniken wieder, und überhaupt war in Deutschland seine Beziehung zur kommunistischen Partei viel besser als in Österreich. Offensichtlich funktionierte die Kommunikation zwischen diesen beiden Parteien nicht so recht, wobei man in Berlin außerdem nicht darüber informiert war, wie die offizielle Moskauer Meinung zu Reich war. Im Gegensatz zum verstümmelten, dörfischen Wien war Berlin eine Weltstadt, in die eine so gigantische Persönlichkeit wie Reich viel besser paßte; auch vor dem Wort »Sexualität« erschrak man hier nicht so. Reich gehörte derselben kommunistischen Zelle wie Arthur Koestler an (wie dieser in seinem Buch *Gottes Thron steht leer* berichtet); auch die Tänzerin Elsa Lindenberg, die 1932 Reichs Freundin wurde, war hier Mitglied. Die Partei stimmte sogar der Gründung des *Deutschen*

Reichsverbandes für Proletarische Sexualpolitik zu, der 20000 Mitglieder hatte und unter dem Namen SexPol bekannt geworden ist. Es gab auch einen SexPol Verlag, in dem von nun an die Schriften Reichs erschienen.

Reichs Beziehungen zu den psychoanalytischen Publikationsorganen hatten sich ernsthaft verschlechtert. Als er 1932 seinen schon früher erwähnten Artikel *Der masochistische Charakter* der »Internationalen Zeitschrift für Psychoanalyse« anbot, wollte Freud ihn nur mit einer redaktionellen Bemerkung veröffentlichen, aus der hervorging, daß der Autor Mitglied der bolschewistischen Partei sei, die die Freiheit der Wissenschaft genauso einschränke wie die Jesuiten. Dieses unglaubliche Vorhaben – aus dem auch nicht besonders deutlich die Stimme der Freiheit sprach – wurde nicht ausgeführt, aber der Aufsatz wurde gleichzeitig mit Bernfelds Artikel *Diskussion um die Psychoanalyse und Reichs »Widerlegung der Todestriebhypothese«* publiziert, der eine Widerlegung und Diffamierung Reichs einschloß. 1933 lehnte der Internationale Psychoanalytische Verlag die Veröffentlichung des Buchs *Charakteranalyse* ab. Bevor der Band im SexPol Verlag erschien, veröffentliche Reich noch verschiedene andere Arbeiten zur Sexualpolitik, die er 1936, zusammen mit der Schrift *Geschlechtsreife, Enthaltsamkeit, Ehemoral* aus dem Jahr 1930 und *Der Kampf um das »neue Leben« in der Sowjetunion* aus dem Jahr 1935, unter dem Titel *Die Sexualität im Kulturkampf* als Buch herausgab. Dieser Band ist, ergänzt mit Betrachtungen aus seiner letzten Schaffensperiode, heute unter dem Titel *The Sexual Revolution* erhältlich.

1932 erschien noch *Der Einbruch der Sexualmoral* und 1933 *Die Massenpsychologie des Faschismus* – im Angesicht der Aktivitäten des anderen Österreichers in Deutschland: Adolf Hitler.

Freiheit: die Mutter

Die Erstausgabe von *Der Einbruch der Sexualmoral* habe ich nicht auftreiben können. 1935 erschien eine zweite, erweiterte Auflage des Bandes, die 1950 von zwei Lehrern aus der Schweiz in Eigeninitiative ins Englische übersetzt wurde; dieses Manuskript bearbeitete Reich, veränderte und ergänzte es und veröffentlichte es 1951 unter dem Titel *The Invasion of Compulsory Sex-Morality*. (Die Bücher von Reich, die heute in deutscher Sprache lieferbar sind, sind immer Übersetzungen dieser englischen Ausgaben; die Raubdrucke der ursprünglichen Fassungen sind im niederländischen Handel praktisch nicht zu haben.)

Wie dem auch sei – ich tue, was ich kann, um Ordnung in das Chaos zu bringen –, *Der Einbruch der Sexualmoral* war Reichs Buch über das *Matriarchat*. 1929 hatte der britische Ethnologe Bronislaw Malinowski einen Bericht über seine Beobachtungen bei den melanesischen Trobriandern veröffentlicht, in dem Reich sofort das primitive Modell der Gesellschaft erkannte, die er propagierte. Schon früher hatte Malinowski darauf aufmerksam gemacht, daß bei den Trobriandern der Ödipuskomplex nicht existierte, da bei ihnen nicht der Vater das Haupt der Familie war, sondern der Bruder der Mutter; der Vater war eher ein kameradschaftlicher Freund der Familie. Ernest Jones, der spätere Freud-Biograph und ringtragendes Mitglied des Komitees, hatte ihn deswegen angegriffen und behauptet, der Ödipuskomplex sei kein soziales, sondern ein biologisches Phänomen, das immer und überall auftrete. In seinem Hauptwerk *The Sexual Life of Savages in North Western Melanesia* legte Malinowski eine Menge Material vor, das seine Ergebnisse bestätigte.

Die Konsequenzen daraus zog Reich – und es ist natürlich nur zu deutlich, daß er hier endlich (ungeachtet der Frage nach der allgemeinen »Wahrheit« selbstverständlich) die Lösung seiner Probleme in der Sprache der Anthropologie gefunden hatte. Auf einer fernen Koralleninsel im Nordwesten von Neu-Guinea gab es Familien, denen nicht passieren konnte, was im Jahre 1911 in einer Familie in Juzynetz in der Bukowina vorgefallen war.

In der matriarchalischen Gesellschaft des klassenlosen Ur-Kommunismus gibt es die (patriarchalische) Familie nicht. Das Kind wird aus der Mutter geboren und gehört zum Clan, der von der Familie der Mutter gebildet wird. Der Rolle des Vaters bei der Zeugung des Kindes wird keinerlei weiterreichende Bedeutung zugemessen (was mir auch epistemologisch richtig zu sein scheint, denn der Vater weiß nie mit der gleichen, hundertprozentigen Sicherheit, daß er der Vater ist, wie die Mutter weiß, daß sie die Mutter ist). Der Vater ist ein Spielkamerad der Kinder; der Bruder der Mutter ist das Haupt der Familie. Da dieser aber keine geschlechtliche Beziehung mit seiner Schwester hat (die hat er mit einer anderen Frau und ist dort Vater und Spielkamerad), ist die Familie unbefangen und frei von Frustrationen. Es gibt ebensowenig ein autoritäres Verhältnis zwischen den Eltern wie zwischen Onkel und Mutter oder Vater und Kindern. Das Erteilen von Befehlen und das selbstverständliche Erwarten von Gehorsam gibt es nicht. Männer und Frauen sind sexuell gleichberechtigt, die »Fortpflanzungsehe« ist monogam, aber leicht zu lösen, da sie keine ökonomischen Grundlagen hat. Die Kinder werden in ihrer Sexualität nicht unterdrückt, sondern haben die Möglichkeit, in Gemeinschaftsräumen miteinander zu schlafen. Neurosen und Perversionen treten nicht auf, der potente Orgasmus ist allgemein verbreitet und jeder hat einen genitalen Charakter; das Lustprinzip wird dem Realitätsprinzip nicht untergeordnet, und wer traurig ist, der wird von Mädchen eines anderen Clans mit Geschlechtsverkehr getröstet.

Dies alles gab es natürlich nur, solange es den Missionaren nicht gelungen war, diese Gesellschaft zu zerstören und sie durch die patriarchalische, autoritäre, neurotische Familie – und damit auch durch ihr politisches Pendant: die Klassenherrschaft – zu ersetzen. Malinowski und Reich beschreiben diesen Prozeß, der in unserer eigenen Geschichte vor vielen tausend Jahren stattfand und an den wir uns heute noch in der Form des Mythos erinnern: des Mythos von Ödipus, der die Sphinx besiegte und Patriarch wurde.

Faschismus: der Vater

1933 erschien Reichs Buch über das Patriarchat: *Die Massenpsychologie des Faschismus.*

Nach Freud, der ihn verleugnete, dem Reich sich aber in Liebe verbunden fühlte, und Stalin, für den er als kommunistischer Sexualwissenschaftler damals eine Art Haßliebe empfinden mußte, erhob sich nun in der Person Hitlers das verabscheuungswürdigste Beispiel väterlicher Autorität. Zum dritten Mal machte sich die Realität daran, die väterliche Komponente seiner Ur-Szene zu stärken. Just in dem Moment, als er die Freiheit, auf die seine Mutter ein Recht hatte, bei den Primitiven auf der anderen Seite der Erde entdeckt und darüber, wie es seine Angewohnheit war, berichtet hatte, erhob sich um ihn herum, in Deutschland, die autoritäre Welt seines Vaters in ihrer primitivsten

Form. Und diesmal wurde es wirklich ernst – genauso wie damals.

Die Massenpsychologie des Faschismus ist natürlich auch nicht identisch mit *The Mass Psychology of Fascism* oder der deutschen Übersetzung dieses Bandes, denn hierin finden sich wieder zahlreiche Ergänzungen aus späteren Jahren, von denen besonders die Kapitel über »Arbeitsdemokratie« erwähnenswert sind; außerdem wurde im gesamten Text die Terminologie entpolitisiert: »kommunistisch« wurde zu »soziologisch«, »Klassenbewußtsein« wurde zu »soziale Verantwortung«, »Proletarier« wurde zu »der Beschäftigte« usw. Hier finden wir gleichzeitig auch den Grund dafür, warum die amerikanischen Verwalter von Reichs Nachlaß einer Wiederveröffentlichung der ursprünglichen Texte nicht zustimmen.

Reich fühlte die Katastrophe näher kommen:

»*Ich war hilflos perplex, als ich ihm* (dem Faschismus) *begegnete und in seinem Wesen Zug um Zug den Gegenstand der Auseinandersetzung mit Freud wiederfand. Allmählich begriff ich, daß dies logisch war. In den genannten Auseinandersetzungen war um die Beurteilung der menschlichen Struktur, um die Rolle der menschlichen Glückssehnsucht und der Irrationalität im gesellschaftlichen Leben gerungen worden. Im Faschismus bot sich die seelische Massenerkrankung* unverhüllt *dar.*«

Sein Kommunismus war der Versuch, das Matriarchat – nach dem Vorbild der Trobriander – wiederherzustellen. Wenn man sich nun an Reichs dreigeteiltes Menschenbild erinnert, dann ist der Kommunismus offenbar die politische Erscheinungsform der untersten Schicht, in der der Mensch mit seiner primär libidinösen Triebbefriedigung anständig und gesund ist. Die oberste Schicht, die der sozialen Maske, ist identisch mit dem bürgerlichen »Liberalismus«, wo es vor allem auf die gegenseitige Toleranz und die Beherrschung des Tiers im Menschen ankommt. Dieses Tier steckt in der mittleren Schicht, Freuds Unbewußtem, wo die »sekundären Triebe« wüten, die Ängste, der Sadismus: Die politische Erscheinungsform dieser Schicht ist der Faschismus. Und gleichzeitig spiegelt dieses Schema offenbar die Struktur der kapitalistischen Gesellschaft: Das Proletariat bildet die tadellose unterste Schicht, die Bourgeoisie stellt in ihrer ganzen Verkrampftheit die oberste Schicht dar; dazwischen befindet sich das Kleinbürgertum, die Brutstätte des Faschismus.

Daß gerade das Kleinbürgertum den Faschismus gebiert, ist für Reich eine Folge der Tatsache, daß hier die genitalen Frustrationen am größten sind. Sie sind Folge der besonders großen Bedeutung der Familie, die diese bei Kleinunternehmern, Geschäftsinhabern und Bauern durch ihre Einbindung in den Arbeitsprozeß hat: Der Mann arbeitet zu Hause, Frau und Kinder sind gleichzeitig auch seine Angestellten. Die Arbeiterfamilie, wo der Mann den ganzen Tag über in der Fabrik ist, hat eine viel weniger feste Struktur und ist deshalb auch in viel geringerem Maße ein Ort der sexuellen Unterdrückung. Bestimmte Berufsgruppen des Kleinbürgertums, wie Beamte und Büroangestellte, sind zwar auch den ganzen Tag außer Haus, aber ihre Rolle am Arbeitsplatz ist psychologisch eine andere als die der Arbeiter. Sie sind viel stärker in eine mitleidlose Hierarchie eingebunden, die ihnen ein autoritäres Weltbild vermittelt, was sich in der Familie dann in der Form des verschärften Patriarchats zeigt. Im Kleinbürgertum kapseln die Familien sich wie konkurrierende Unternehmen voneinander ab, und die diktatorische Rolle des Vaters findet ihren politischen Ausdruck in der Gestalt des Führers.

Zu Recht betrachtet Reich den Faschismus nicht – wie die meisten Intellektuellen in den dreißiger Jahren – als eine »kollektivistische« Bewegung, sondern gerade als eine extrem *indivualistische* Angelegenheit. Der Führer war das Super-Individuum, mit dem jeder Vater sich identifizieren konnte, weil er sexuell geschwächt und charakterologisch erstarrt war. Und tatsächlich wurden im Laufe der Zeit die deutschen Väter und Söhne zu nichts Geringerem als zum *Körper* Hitlers. Sie wurden in Form von Heer, Marine und Luftwaffe zu seinen Fäusten. Und bis zum Ende der Zeiten wird diese widerwärtige Superindividualität am Horizont sichtbar bleiben.

Mütter liebten den Führer, wie sie ihre Männer liebten, das heißt: sie liebten ihre Männer, wie sie ihn liebten – so kann man in etwa die Auffassung Reichs umschreiben. Die Förderung der autoritären Familie genoß dementsprechend in der nationalsozialistischen Propaganda höchste Priorität. Aufgrund der weniger festen Familienstruktur und der größeren sexuellen Toleranz war das Proletariat viel weniger anfällig für die nationalistische Verführung; die Arbeiter waren internationalistisch eingestellt. Daß sie sich dennoch verführen ließen, lag an der Verbürgerlichung des Proletariats, die eine Abkapselung der einzelnen Arbeiterfamilien voneinander zur Folge hatte. Durch die veränderten sozialen Verhältnisse nahm das Klassenbewußtsein ab, und man identifizierte sich mit dem sozial höherstehenden Kleinbürgertum, das sich seinerseits wieder vom Proletariat abzugrenzen versuchte. Es ist weniger der Psychoanalytiker oder der Marxist als der Menschenkenner Reich, der auf den »Sonntagsanzug« der Arbeiter aufmerksam macht, der »*mehr reaktionären Einfluß hat, als Tausende von revolutionären Versammlungsreden und Flugzetteln gutmachen können.*« Auf solche Kleinigkeiten werde viel zuwenig geachtet, schreibt er, denn an ihnen könne man die sozialen Veränderungen *konkret* sehen. In seinem Sonntagsanzug ging auch der Arbeiter vor dem Faschismus in die Knie. Hinzu kam außerdem – und dies galt für alle Klassen – die Charakterverformung, an der – in Folge des viele tausend Jahre währenden Patriarchats – jeder litt: Die Unterdrückungsideologie war in der Form von frustrierter Libido in den Menschen zu ihrer sogenannten »Natur« erstarrt – und diese wurde nun in Gestalt des nationalsozialistischen Staates sichtbar.

Die Rassenlehre bezeichnete Reich als die »theoretische Achse« des Faschismus. Die Rassentheorie ist das Tor zum nationalsozialistischen Mystizismus oder, um es mit Freud zu sagen: zur »schwarzen Schlammflut des Okkultismus« in der Politik. Das Kleinbürgertum, das Hitler an die Macht gebracht hatte und ihn unterstützte, war antikapitalistisch *und* antisexuell. Dies führte, so Reich, zu einer Entwicklung, die mit folgender Gleichung dargestellt werden könnte:

antikapitalistisch + antisexuell = Antisemit.

Für den Kleinbürger war »der Jude« in erster Linie ein Kapitalist und Ausbeuter. Auf der untersten Ebene des kapitalistischen Warenverkehrs kam der Kleinbürger in Kontakt mit Trödlern, von denen der eine oder andere Jude war. Da er aber nie einem echten Kapitalisten begegnete, konnte man ihm leicht weismachen, daß es die Juden waren, die ihn ausbeuteten. In zweiter Linie war »der Jude« für ihn die Personifikation des Schweinigels. Hierin äußerte sich der eigene Drang nach sexuellem Genuß, der aber durch die Angst vor der eigenen Sexualität zu sadistischem Antisemitismus pervertiert wurde: die Falschheit des Kettenhunds. Hieraus entstand wiederum der Wirrwarr von Blut und Boden, Ehre, Ariertum und Reinheit, die durch die autoritär strukturierte Familie gesichert werden mußten, die ihrerseits den potenten Orgasmus verhinderte, indem sie Sexualität nur zu Fortpflanzungszwecken zuließ: der Vater ein Führer, die Mutter eine Gebärmaschine, das Kind ein gehorsamer Untertan, und einer keuscher als der andere. Für Reich war die symbolische Kraft des Hakenkreuzes deshalb so groß, weil es unbewußt als eine Darstellung von zwei kopulierenden Menschen wahrgenommen wurde.

Auch der Mystizismus war für Reich eine Folge der sexuellen Perversion, nur mit dem Unterschied, daß der Nationalsozialismus den masochistischen Charakter der alten patriarchalischen Religion (des Christentums) gegen einen *sadistischen* Mystizismus ausgetauscht hatte. Ebenso wie die Kirche gehörte auch der Faschismus zum »*organisierten Mystizismus als internationale antisexuelle Organisation*«. Reichs Wendung, den Mystizismus als ein Produkt des *Patriarchats* zu betrachten, ist bemerkenswert – von alters her wurde er schließlich als etwas Weibliches empfunden: das Meer, das Unbewußte, Peer Gynts »tiefste Gründe«. Reich geht einen Schritt weiter: Die extreme Mutterbindung kann nur in der patriarchalischen Familie, die vom autoritären Vater beherrscht wird, vorkommen. In einer nicht-autoritären Gesellschaft wird es auch die Mutterbindung in dieser pervertierten Form nicht geben, und ohne die heilige Dreieinigkeit der Familie auch keine Mystik.

Aber obwohl all diese theoretische Gewalt mir den Atem verschlägt, will ich doch an dieser Stelle ein leises Wort des Protestes äußern. Reich reduziert nicht nur die biologistische Mystik der Nationalsozialisten auf ein Surrogat der orgastischen Vorlust und Lust, sondern jede Mystik. Eine Ausnahme macht er nur bei den matriarchalischen Urreligionen, in denen die Sexualität noch nicht vom Religiösen getrennt und damit als Teufelswerk verketzert wurde. Das bedeutet, daß auch in seiner eigenen Theorie das Religiöse nicht *vollständig* mit Sexualität identisch ist: nur macht er nirgendwo deutlich, daß religiös-matriarchalische Reste in der existierenden Mystik eine Rolle spielen könnten. Er nennt zum Beispiel das »ozeanische Gefühl« – das Gefühl von Ewigkeit und Unendlichkeit, das viele Menschen (manchmal) empfinden. Auch dies ist für Reich Ausdruck des unbewußten Verlangens nach dem Orgasmus, das Hitler sich für seine Zwecke zunutze machte. Nun ist aber dieses Gefühl – Reich nannte es auch »plasmatisches Ganze-Weltgefühl« – für einige Menschen der Beweis für die Unsterblichkeit der Seele und damit auch für die Existenz Gottes. Romain Rolland war einer davon. Er berichtete Freud darüber, nachdem dieser in *Die Zukunft einer Illusion* (1927) in der Religion nichts anderes hatte sehen können als ein tröstliches Hirngespinst. Am Ende von *Das Unbehagen in der Kultur* geht Freud näher auf das ozeanische Gefühl ein: Er sagt, er kenne es aus eigener Erfahrung nicht, auch könne er nichts anführen, um dieses Problem definitiv zu lösen, doch er betrachte dieses Phänomen als ein nostalgisches Überbleibsel aus der Säuglingszeit, als das Ich noch eins mit der Welt war.

Warum sollte in Reichs Gedankengebäude das ozeanische Gefühl nicht aus der tiefsten, matriarchalischen Schicht stammen können? Im Vorwort zur dritten Auflage der *Massenpsychologie* sagt er, Reste aus dieser Welt seien manchmal in der Kunst zu finden, »*besonders in der Musik und in der Malerei*«. Aber gerade die Wirkung von Kunst steht in engem Zusammenhang mit ihrem Appell an das ozeanische Gefühl: sie drückt es aber nicht aus, sondern erweckt es.

Reichs Verbannung der faschistischen Mystik auf die Ebene der Frustrationen kann man zustimmen, aber dem ozeanischen Gefühl hätte er dieses Los ersparen sollen, denn nun passen die matriarchalischen Religionen nicht mehr in sein System. Damit begeht Reich wieder den alten Psychologenfehler, den Fehler, den ich, während ich über ihn schreibe, sorgfältig zu vermeiden versuche: die Gleichsetzung der Henne mit dem Ei. Wir stoßen hier wieder auf das Echnaton-Problem: natürlich hat alles einen Ursprung, aber alles entwickelt sich auch. Reichs gesamtes Werk wurzelt in seiner Urszene, aber damit ist nur die Hälfte gesagt. Der Ostwind kommt aus dem Osten, aber er weht Richtung Westen. Der Tod ist nicht die Geburt. Zwar steht er in einem gewissen Verhältnis zur Geburt, aber sie sind nicht identisch. Wenn man jedoch versucht, alle Phänomene auf ein einziges Prinzip zurückzuführen, dann kann man nur in Identitäten denken: Angst *ist* fehlgeleitete Libido. Da dieser Zustand lästig ist, muß die Libido zurück zu ihrem eigentlichen Ziel: dem Orgasmus. Aber nicht immer gibt es die Möglichkeit der Rückkehr. Man kann zum Beispiel nicht zurück zum Zeitpunkt der eigenen Geburt, und wenn der Ostwind in die andere Richtung weht, ist er kein Ostwind mehr, sondern ein Westwind. Der alte Freud versuchte am Ende dieser Tatsache mit der Einführung des Realitätsprinzips Rechnung zu tragen. In früheren Tagen hatte er noch zu Jung gesagt, die Kultur sei nichts anderes als das morbide Produkt verdrängter Sexualität. Nun sah er ein, daß durch »Sublimation« auch tatsächlich etwas *anderes* entstand; auch wenn er ab und zu – wie in dem Fall, als er das ozeanischen Gefühl mit der früheren Präsenz der Mutterbrust identifizierte – noch in die alte Gewohnheit zurückfiel.

Sogar dann, wenn Reichs unterste, matriarchalische

Schicht nicht existiert, was längst nicht ausgeschlossen ist, dann darf, was mich betrifft, das ozeanische Gefühl gerne der Libido entspringen (vorausgesetzt, diese existiert). Damit ist aber nicht das Urteil über das ozeanische Gefühl gesprochen, vielmehr darf man der Libido gratulieren. Aber Reich hat immer fanatisch und undifferenziert monistisch gedacht: Alles war immer und überall das gleiche – denn er war der Mann, der mit seiner für alle Zeiten unveränderlichen Urszene in das von Freud verlassene sexuelle Bollwerk gegen die schwarze Schlammflut des Okkultismus eingezogen war.

Endgültige Ablehnung durch Freud und Stalin (und Hitler)

Nun hatte Reich nicht nur das Individuum mit seinen Neurosen und seinem Charakter ins orgastische Schußfeld seines mütterlichen Bollwerks gebracht, sondern auch die Gesellschaft als Ganzes. Damit hatte er aber den drei Vätern, die er inzwischen auf dieser Welt hatte, etwas angetan, das nicht wiedergutzumachen war. Und sie machten sich nun bereit, um sich gemeinsam so gegen ihn zu erheben, daß Reich sich nie mehr davon erholen sollte.

1. Stalin. – Schon seit 1932 hatte die kommunistische Parteileitung in Berlin angesichts des enormen Erfolges, den Reich vor allem in der Jugendorganisation hatte, ein ungutes Gefühl. Seine Massenveranstaltungen wurden auch von sozialdemokratischen Jugendlichen besucht, ja, sogar Mitglieder der Hitlerjugend kamen heimlich, weil nur hier ihre sexuellen Probleme besprochen wurden. Die Erfahrungen, die Reich hierbei machte, verarbeitete er in

Der sexuelle Kampf der Jugend, einem schmalen Buch zur Sexualhygiene, in dem er offen und sachlich über Verhütungsmittel, Schwangerschaft, Geschlechtskrankheiten, Masturbation, Abtreibung, Homosexualität und die ideologischen Hintergründe der sexuellen Unterdrückung informierte. In meinem Exemplar – der Band ist äußerst selten – befindet sich hinten ein heraustrennbarer *Fragebogen*, auf dem die Leser Kritik äußern und Verbesserungsvorschläge oder Ergänzungen notieren konnten. Außerdem konnten sie sich als Aktivisten für die sexuelle Befreiung der Jugend melden. Inzwischen aber war offenbar auch die offizielle Meinung Moskaus zu Reich nach Berlin durchgedrungen; vielleicht hatte ja der Parteivorsitzende und Präsidentschaftskandidat Thälmann an einem späten Nachmittag in einem alten Jahrgang von »Pod znamenem marksizma« geblättert. Ende 1932 verschwanden die Publikationen des SexPol Verlags aus den Buchhandlungen der Partei, und es wurde Reich verboten, seine Bücher weiterhin in der Jugendorganisation zu verbreiten. Der Grund hierfür war natürlich, daß in ihnen die Revolution propagiert wurde, die Stalin nicht mehr wollte: Kommunistische Parteien sollten keine revolutionären Organisationen mehr sein, sondern vielmehr so etwas wie gigantische Sowjetbotschaften, die die außenpolitischen Direktiven des Kreml auszuführen hatten. Im Kreml selber ließ Stalin im übrigen schon Listen der altgedienten Revolutionäre anlegen, die liquidiert werden sollten. Als im August 1933 *Die Massenpsychologie des Faschismus* erschien, wurde das Buch sofort als »konterrevolutionär« – das neue Wort für *revolutionär* – gebrandmarkt. Kurze Zeit später wurde Reich aus der Partei ausgeschlossen.

2. *Hitler*. – Sein Landsmann, der faschistische Urpatriarch, kam Anfang 1933 an die Macht. Als im »Völki-

schen Beobachter« ein scharfer Angriff auf *Der sexuelle Kampf der Jugend* erschien, war Reich klug genug, sofort zurück nach Wien zu flüchten. Es dauerte danach nicht lange, bis der Verkauf seiner Bücher in Deutschland verboten wurde.

3. Freud. – Zwar waren in Berlin auch Freuds Bücher bereits öffentlich verbrannt worden, aber die psychoanalytischen Prälaten in Wien konnten, obwohl Reich inzwischen auch aus der Partei geflogen war, immer noch nicht ihren Frieden mit seinem politischen Engagement machen. Aufgrund dieser Schwierigkeiten – und vielleicht aus dem Vorgefühl heraus, daß auch Österreich dazu ausersehen war, von der faschistischen Schlammflut überschwemmt zu werden (Freud und sein Kreis hatten offensichtlich noch keine Vorstellung davon, was in Deutschland wirklich los war) – ließ Reich sich mit seiner neuen Freundin Elsa Lindenberg in Kopenhagen nieder. Nun begann seine lange Irrfahrt: nicht nur im physischen Sinne. In Kopenhagen wurde der SexPol Verlag wiedergegründet, und hier erschien seine *Massenpsychologie*. Und genauso wie dieses Buch der Anlaß für seinen Bruch mit der kommunistischen Partei war, so war es auch für die Internationale Psychoanalytische Vereinigung der Tropfen, der das Faß zum Überlaufen brachte: Reich wurde ausgeschlossen.

Unter Psychologen

Die Art und Weise, wie der Ausschluß zustande kam, ist eine Geschichte von Intrigen und Machenschaften, die nicht geeignet ist, hilfsbedürftige Nervenkranke davon zu überzeugen, daß Analytiker nur nach bestem Wissen und

Gewissen handeln. Wenn beim Studium dieses Falles überhaupt irgend etwas deutlich wird, dann nur, daß alle Psychiater total bekloppt sind, Reich nicht ausgenommen. Das mußte ich doch kurz loswerden. Die Krankengeschichten, die sie in ihren Werken beschreiben, können sich in den seltensten Fällen mit denen der Autoren messen. Aber wie könnten sie sonst auch Psychiater sein? Ein Psychiater, der nicht verrückter ist als sein Patient, versteht nicht, was in diesem Menschen vorgeht und kann ihn folglich auch nicht heilen. Er muß dem Patienten gegenüber einen Vorsprung haben, genauso wie auch Professoren immer darum bemüht sind, ihren Studenten eine Seminarsitzung voraus zu sein.

Reich war davon überzeugt, daß die Psychoanalytiker gegen seine Theorie waren, weil sie selbst (wie auch die kommunistischen Funktionäre) orgastische Probleme hatten, weil sie es nicht wagten, ihre kaputten Ehen zu beenden, sondern es vorzogen, ihre Patientinnen zu masturbieren oder sich zu ihnen auf die Couch zu legen. Über ihn zerrissen sie sich das Maul, denn sie waren eifersüchtig auf ihn, da er es wagte, sich eine neue Frau zu nehmen, wenn es mit der alten nicht mehr klappte. In Reichs Augen war auch Freud genital gestört; sicher war, daß er den Kampf nun definitiv aufgegeben hatte, denn in seiner Schrift *Neue Folge der Vorlesungen zur Einführung in die Psychoanalyse* hatte er es erst vor kurzem gewagt, die Triebe »mythische Wesen« zu nennen: *»Die Trieblehre ist sozusagen unsere Mythologie.«*

Die Frage ist, wie groß Freuds Einfluß in der Psychoanalytischen Vereinigung überhaupt noch war. Seit 1923 hatte er an keinem Kongreß mehr teilgenommen; zur gleichen Zeit, als seine Tochter Sophie starb, als er den Todestrieb in seine Theorie einführte und sein Krebs sich entwickelte, hatte er sich zurückgezogen, und seine jüngste Tochter Anna übernahm die Arbeit in der Vereinigung. Es gibt einen merkwürdigen Briefwechsel zwischen ihr und Reich. Man hatte Reich nahegelegt, freiwillig aus der Vereinigung auszutreten. Reich beschwerte sich bei Anna, die ihm antwortete, sie wisse von nichts und er müsse sich an Jones wenden. Jones war, nicht nur wegen ihrer unterschiedlichen Meinung über Malinowski, einer seiner schärfsten Gegner; Reich lehnte ab. Am Vorabend des Kongresses in Luzern, 1934, durfte er seine alten Argumente in einer geheimen Sitzung des Komitees unter dem Vorsitz von Anna Freud (die als einzige Frau den Ring trug) noch einmal zur Diskussion stellen. In dieser Sitzung behauptete Reich auch, er sei der alleinige legitime Erbe der ursprünglichen Psychoanalyse und die Todestriebtheoretiker wollten ihn nur aus dem Weg räumen. Er weigerte sich erneut, freiwillig auszutreten. Daraufhin wurde er ausgeschlossen – später erfuhr er, daß diese Versammlung nur der Form halber stattgefunden hatte, denn bereits ein Jahr zuvor hatte man seinen Rauswurf beschlossen. In Jones' Freud-Biographie aus dem Jahr 1953 kann man jedoch immer noch lesen, daß Reich während des Kongresses in Luzern seine Mitgliedschaft freiwillig aufkündigte.

(Das gleiche Procedere – die Beschuldigten werden nicht gehört, und Anna Freud spielt bei all dem eine merkwürdige Rolle – ereignete sich in den fünfziger Jahren wieder, als Jacques Lacan und seine Pariser Gruppe ausgeschlossen wurden; auch hier war der Grund, daß sie »zurück« zu Freud wollten: die Psychoanalyse sollte den Händen der wohlgenährten Bourgeoisietherapeuten entrissen werden, nicht um sie, wie Reich das gewollt hatte, zu einem Instrument der Revolution zu machen, sondern zu einer »Wissenschaft«.)

All dies ereignete sich zu einer Zeit, als die schwarze Schlammflut Deutschland schon überflutet hatte, als der Vorsitzende der kommunistischen Partei, Thälmann, schon im nagelneuen Konzentrationslager Buchenwald saß (wo er 1944 schließlich ermordet wurde), als Hitler bereits gegen die Juden wütete und der neue Vorsitzende der *Allgemeinen Ärztlichen Gesellschaft für Psychologie*, Jung, im »Zentralblatt für Psychotherapie« schrieb:

»*Die tatsächlich bestehenden und einsichtigen Leuten schon längst bekannten Verschiedenheiten der germanischen und jüdischen Psychologie sollen nicht mehr verwischt werden, was der Wissenschaft nur förderlich sein kann.*«

Die Schlammflut. In dieser extremen Form sollte sie bis 1945 währen, in manchen Kreisen noch etwas länger. Neben mir liegt ein Buch aus dem Jahr 1946, das ich während der Zeit meiner ersten Beschäftigung mit Freud kaufte: *Entstehung und Entwicklung der Psycho-Analyse* von Dr. A. Chorus, Lektor an einer Römisch-Katholischen Universität, und dessen Schluß lautet:

»*Und so gesehen ist die Psycho-Analyse eine der Erbschaften des 19. Jahrhunderts, auf denen ein Fluch liegt, der noch immer wirkt. Und mit Blick auf die bedeutendsten Theoretiker dieses psycho-analytischen Gedankengebäudes kann ich in diesem Fluch nur einen Aspekt jenes fürchterlichen Fluches sehen, der auf dem tragischsten aller Völker ruht.*«

Chorus meint, daß es lauter Juden waren, Angehörige des Volkes, das Jesus Christus gekreuzigt hatte – und als er das schrieb, waren die Öfen in Auschwitz noch warm. Die Nazis erfüllten, als sie die Juden ausrotteten, den Fluch Gottes, sie waren seine treuen Diener: So weit ist selbst Eichmann bei seiner Verteidigung nicht gegangen; außerdem zeigt dieser Fall deutlich, was Reich meinte, als er über

Antisemitismus, Antisexualität und Mystizismus schrieb. Wer ein derartiges religiöses Leichengift zutage fördern kann, wie die Juden Freud und Reich (Jung war kein Jude), der hat allein deswegen schon das Licht, das Leben und die Wahrheit auf seiner Seite.

Endgültige Wiederholung der Urszene

Reichs Urszene hatte sich, in potenzierter Form und schonungsloser als die beiden anderen Male, wiederholt. Ausgehend von einer Kritik der Familie wollte er auf der Basis seiner Vorstellung vom Kommunismus die Psychoanalyse politisieren. Er entfremdete sich damit nicht nur von den anderen Psychoanalytikern, sondern geriet auch in Widerspruch zur Praxis in der Sowjetunion. Im Zeichen seiner Mutter hatte er den Menschen und die Gesellschaft sexualisiert, aber die Folge seiner Botschaft war, daß sich alle Väter endgültig von ihm abwandten. Die Proportionen eines Ereignisses, das einmal auf einem mitteleuropäischen Gutshof stattgefunden hatte, umspannten inzwischen die gesamte Erde und reichten zurück bis an den Beginn der Menschheitsgeschichte; doch Reich hockte nun mutterseelenallein in seinem Bollwerk.

Und diesmal war die Erschütterung zu groß, zu heftig und vollkommen, als daß er sie hätte verarbeiten können, indem er für eine gewisse Zeit in Depressionen verfiel. Das Ausmaß der Katastrophe war ähnlich groß wie beim ersten Mal, 1911 – und nun brach eine Psychose aus, die bis zu seinem Tod 1957 währen sollte, und in der seine Urszene immer phantastischere Formen annahm.

Ein Blick in die Zukunft: Marcuse

Bevor ich endlich Reich in seiner Entwicklung, so gut es eben geht, weiterverfolge, will ich noch kurz einen Blick auf den Weg werfen, den er ungefähr 1934 verließ. Dieser Weg – die Verbindung von Psychoanalyse und Marxismus zum Zwecke der revolutionären Umwälzung der Gesellschaft – blieb erst einmal zwanzig Jahre lang unvollendet und vergessen. Erst 1955 tauchte wieder ein Straßenarbeiter auf, der sich an die Arbeit machte und weiterbaute: Herbert Marcuse mit seinem Buch *Triebstruktur und Gesellschaft*.

Stalin hatte in der Zwischenzeit den Marxismus zu einem Knüppel gemacht, mit dem er seinen ehemaligen Mit-Revolutionären den Schädel einschlug, sobald sie sich in die Nähe seines Throns wagten. Der »Leninismus-Stalinismus«, wie man das damals nannte, könnte besser »Zarismus-Stalinismus« heißen, denn auch auf internationaler Ebene begründete Stalin mit dieser Ideologie seine Alleinherrschaft. Das ändert natürlich nichts daran, daß in seinem alles andere als dahinsiechenden Staat die Produktionsverhältnisse radikal verändert blieben, wenn auch eher in dem Sinne, daß Stalin persönlich der Generaldirektor aller Fabriken, Büros, Schulen, Krankenhäuser und Familien war. Es stimmt auch, daß er mit seinen Fünfjahresplänen aus einem rückständigen Land eine Weltmacht machte; gleichzeitig ist aber auch richtig, daß dieses Land infolge seiner Vorliebe fürs Ausrotten um ein Haar von Hitler überrannt worden wäre. In jedem Falle aber trifft es zu, daß der Marxismus nach Stalins Tod 1953 praktisch wieder bei Null anfangen mußte.

In derselben Periode wurde auch die Psychoanalyse zu einer Ideologie der bestehenden Ordnung. Mit dem Ausschluß von Reich hatten die Bourgeoisietherapeuten die Diskussion für sich entschieden. Zufrieden ließen sie sich in den Vereinigten Staaten nieder, und es dauerte nicht lange, bis die Psychoanalyse zu einer konformistischen Gehirnwäsche degeneriert war, mit der widerspenstige Naturen dem *American way of life* angepaßt wurden. Die Bereitschaft, hierfür täglich ein ansehnliches Honorar auf den Tisch zu blättern, hielt man für ein erstes Anzeichen der Genesung – und wer das Geld dafür nicht hatte, der tat gut daran, sich für unheilbar geisteskrank zu halten. Wer sich den bestehenden Herrschaftsverhältnissen nicht anpassen *wollte*, weil er sie für verfault hielt, war ein gefährlicher Irrer. Die Theoriebildung hielt mit dieser Entwicklung Schritt. Der sexuelle »Biologismus« Freuds wurde zugunsten verschiedenster Auffassungen über »Zwischenmenschlichkeit« aufgegeben. Nachdem die Libido, mit dem Umweg über ein mystisches Zwischenstadium, schon zu einer Metapher verflüchtigt worden war, wurde nun zum Beispiel das Unbewußte durch Oliver Stack Sullivan vollständig seines triebhaften Charakters beraubt, indem er es im Mitmenschen lokalisierte, in den *significant others*, wo es in dem Maße vorhanden war, wie diese sich von den Menschen abkapselten. Mit dieser Theorie, die einer gewissen Freundlichkeit nicht entbehrt, ist das Unterbewußte zu einem Gradmesser für den Konformismus des Einzelnen geworden, und Aufgabe der Therapie ist es, dafür zu sorgen, daß man nicht mehr laut schreiend von irgendwelchen Cocktailpartys wegläuft.

Marcuse kritisierte diese Richtung scharf, und vor allem mit Fromm ging er hart ins Gericht. Fromm, Sullivan, Horney, alle sind in seinen Augen »neo-freudsche Revisionisten«; sie bilden den Mittelpunkt der heutigen Psychoanalyse, auf deren rechtem Flügel Jung mit seiner »verdunkelnden Pseudo-Mythologie« steht und deren linken Flügel Reich bildet. Auch wenn er sich nicht weiter dazu äußert, so wird doch deutlich, daß Marcuse im jungen Reich seinen Vorgänger sieht. Hinzu kommt noch, daß Marcuse an das Buch anknüpft, von dem Reich dachte, es sei gegen ihn persönlich gerichtet: *Das Unbehagen in der Kultur*. Es scheint, als nehme Marcuse die Herausforderung an, die Freud am Ende dieses Buches ausspricht: Irgendwann müßte es jemand wagen, die *Pathologie der kulturellen Gemeinschaften* zu schreiben. Und hier wird dann auch sofort deutlich, worin er sich von Reich unterscheidet: Marcuse ist wie Freud davon überzeugt, daß der Todestrieb ein primärer Trieb ist. Im Laufe seiner Entwicklung bis 1968 hat er dies sogar immer stärker betont.

(Andererseits stimmt Reich in seiner Ablehnung des Todestriebs nur scheinbar mit dem Standpunkt der Neo-Freudianer überein. In Wirklichkeit wird hier der Unterschied besonders deutlich, da sich in dem, was man als »Todestrieb« bezeichnet, für ihn eine sehr konkrete libidinöse Energie in modifizierter Form manifestierte, die sich nun ihrerseits bei den Revisionisten freigesungen hatte zu einer Art dichterischer Freiheit.)

Marcuses Kritik an Freud stimmt mit der von Reich überein: Der Mensch, wie ihn sich die Psychoanalyse vorstellte, existiert nicht – wie Freud dachte – zu allen Zeiten unverändert; den Menschen, den Freud seinen Theorien zugrunde legte, gibt es schon gar nicht mehr, und es gibt ihn deshalb nicht mehr, weil sich die Gesellschaft verändert hat. Was danach folgt, ist nicht die Reichsche »Versöhnung« der klassischen Psychoanalyse mit dem klassischen Marxismus, sondern Marcuse transformiert, während er gleichzeitig eine Analyse der totalen Konsumgesellschaft liefert, sowohl das begriffliche Instrumentarium der Psychoanalyse als auch das des Marxismus.

Der Arbeiter bei Marx war dem Produktionsprozeß entfremdet und damit auch seinem Mitmenschen und sich selbst; durch die revolutionäre Übernahme der Produktionsmittel würde er wieder ein Mensch unter Menschen werden. In der automatisierten Konsumgesellschaft jedoch hat der einzelne Arbeiter immer weniger Anteil an der Produktion und immer größeren Anteil am Konsum der Güter, ohne daß sich dadurch an der Entfremdung etwas verändert hat. Hinzu kommt noch, daß die Familie eine immer kleinere Rolle spielt und der Vater an Bedeutung verloren hat, wodurch der Ödipuskomplex immer seltener auftritt. Diese Entwicklung verlief parallel zur sexuellen Befreiung, die durch die Erfindung der Pille auch technisch möglich wurde. Mit den Sexshops und den anderen »Desublimationen« hat – da der Vater keinerlei Bedeutung mehr besitzt – aber nicht die revolutionäre, matriarchalische Freiheit im Sinne Reichs angefangen, sondern die Massenmedien und die zahllosen anderen Institutionen der herrschenden, autoritären Macht haben die Rolle des Vaters übernommen. (Ödipus hat sich in Teiresias verwandelt.)

Schon Reich hatte darauf aufmerksam gemacht, daß Hitler zwar stets beteuerte, die Familie sei heilig, daß er aber gleichzeitig die Kinder aus den Familien riß und sie in seine Jugendorganisationen steckte, wodurch er sich selber zu ihrem Vater machte; das gleiche gilt für Stalin. Aber die Diktatur ist eine altmodische Organisationsform unterentwickelter Gesellschaften; in der hochentwickelten Konsumgesellschaft ist die Macht anonym. Über die kollektiven Institutionen wird jedem der gleiche anonyme Vater zugeteilt – mit dem Ergebnis, daß auch sein Derivat,

Freuds Über-Ich, bei jedem gleich ist. Das Über-Ich ist nichts anderes als eine Außendienststelle der herrschenden Ordnung, die in das Innere der Menschen verlegt worden ist und ihre Dienstbarkeit organisiert und regelt, so daß die externe Polizei nie in Aktion treten muß. Die revolutionäre Opposition wird in jedem einzelnen Individuum in einem ständigen, innerlichen Straßenkampf niedergeschlagen. Das ist die echte, die unsichtbare Gewalt, die unsere Gesellschaft ausübt.

Wir in den Niederlanden haben hübsche Beweise für die Tatsache, daß vor allem das Fernsehen autoritär ist. Marcuse geht nicht auf die besondere Rolle ein, die gerade dieses Medium spielt, das die Menschen für Geld gekauft haben und das mit Hilfe der Dachantenne Botschaften der anonymen Macht empfängt, die dann im Familienkreis auf dem Bildschirm erscheinen. Wenn nun dieses Medium in antiautoritärem Sinne benutzt wird (indem man nackte Männer zeigt, die Religion oder das Königshaus lächerlich macht oder sogar – was am allerschlimmsten ist – das Fernsehen selbst), dann bricht sofort eine nationale Hysterie aus, weil damit automatisch die moralische Autorität in den Einzelnen verletzt worden ist. Jeder weiß, wie die Dinge liegen, aber im Fernsehen darf nicht gesagt werden, wie es sein sollte, denn dann geht gleich jeder an die Decke.

Der heutige Stand der Entwicklung, in dem die Befriedigung der Lust nicht zur Befreiung geführt hat, warf einen Schatten aus der Zukunft auf das Jahr 1936. Reich gab damals (unter dem Pseudonym Ernst Parell) die »Zeitschrift für politische Psychologie und Sexualökonomie« heraus. Er veröffentlichte hier den Artikel *Der Kampf um die neue Moral*, in dem er dafür plädierte, Sexualität und Fortpflanzung voneinander zu trennen, weil dies der Befreiung des Menschen diene. In der nächsten Ausgabe ging der niederländische Schriftsteller Jef Last auf Reichs Artikel ein. Er macht darin den *Genossen Reich* auf das Buch »This brave true world«, er meinte damit wohl *Brave New World* von Huxley, aufmerksam. In der phantastischen Zukunftsgesellschaft, die in diesem Buch beschrieben wird, gibt es keinen Zusammenhang mehr zwischen Fortpflanzung und Sexualität; die Kinder entstehen in den Retorten der staatlichen Laboratorien, und die Befriedigung der Lust wird auf jede nur erdenkliche Weise gefördert; wer keinen Spaß am Sex hat, wird bestraft. Für Last besteht Huxleys Kritik darin, daß auf diese Weise die gesamte kulturelle Spannung aus der Gesellschaft genommen wird, und daß der Staat so seine Macht über die Menschen vergrößert. (Letzteres schreibt Last nicht, aber es trifft auf jeden Fall für Huxley zu.)

In seiner Antwort schreibt Reich, daß SexPol keine *»auf Phantasterei aufgebaute Spekulation«* ist, *»sondern eine auf wissenschaftlicher Erkenntnis basierende Politik«*. Der Roman heißt inzwischen »This true brave world« und Reich schreibt:

»Daß aber Huxleys Vorstellung von der ›Zukunftsgesellschaft‹ unwissenschaftlich und illusorisch ist, daß eine Gesellschaft, in der Sexualität und Fortpflanzung von ihrer durch die patriarchalische Moral geschlossenen Bindung gelöst sind, ein völlig anderes Bild zeigen muß, als das von Huxley geschilderte, den Beweis haben die Forschungsergebnisse der Charakteranalyse bereits erbracht.«

Hier bedeutet »unwissenschaftlich« schon: nicht in Übereinstimmung mit dem Gesetz von Juzynetz. Der Phantast siegte über den Wissenschaftler. Die Befriedigung der Lust hat nicht die Befreiung gebracht, sondern steht nun ihrerseits im Dienst des Systems: Marcuses »repressive Toleranz«, durch die die Macht des Systems nicht kleiner, sondern eher größer geworden ist. »*Die Befriedigung bleibt ein Nebenprodukt der unbefriedigenden Arbeit.*« Die Arbeit wird auf Kosten der Libido verrichtet, wodurch der Körper desexualisiert wird, um am Ende nur noch ein Werkzeug sein zu können. Die Sexualität wurde auf eine kleine Verkehrsinsel, die Genitalien, zurückgedrängt, wo sie verkümmert dahinvegetiert. (Auch dies ist eine Kritik an Reich.)

Aufgrund des gemeinschaftlichen Staats-Über-Ichs ähneln sich die Menschen immer mehr: der »eindimensionale Mensch«, der die Güter produziert, die er nicht braucht, die er aber haben wollen muß. Es ist richtig, daß die Menschen sich sogar äußerlich ähnlicher sind als je zuvor. Wenn man Gesichter von heute mit denen auf Fotos aus dem vorigen Jahrhundert vergleicht, nicht nur mit solchen aus der Bourgeoisie, sondern auch aus der Arbeiterklasse, dann ist das Ergebnis erstaunlich. Man hat fast den Eindruck, als ob die Welt damals von lauter großen Persönlichkeiten bevölkert wurde, jede einzelne gezeichnet vom gemeinschaftlichen Triebverzicht, und jedes einzelne Individuum zusätzlich verändert durch den eigenen Vater und das dazugehörende Über-Ich. (Wenn übrigens alle Arten von Charakter, im Sinne Reichs, verschwunden sein werden, dann werden die Menschen einander noch viel ähnlicher werden, als es jetzt schon der Fall ist.)

Körperlich und geistig ist sich der Mensch entfremdet, und das bedeutet nach Marcuse vor allem, daß er die Revolution, die ihm seine Menschlichkeit wiedergeben könnte, nicht mehr will – die Revolution, die objektiv gerade deshalb so notwendig ist, weil sie subjektiv niemand mehr will. Wer aber soll sie machen? Das Marxsche Proletariat, und nicht zuletzt seine Führer, stecken fester im Sonntagsanzug als je zuvor. In London demonstrieren Arbeiter für

Rassismus, in New York für die Bombardements auf Vietnam. Alle Hoffnung ruht nun auf den Gruppen, die bisher von der Entfremdung verschont geblieben sind: zuerst natürlich die Menschen in der Dritten Welt; und bei uns sind es die Schwarzen in den Ghettos, die Studenten, die Intellektuellen und die Jugend. Sie müssen den anderen Menschen ihre wirkliche Situation bewußtmachen, damit eine Gesellschaft ohne Entfremdung entstehen kann, eine Gesellschaft, die Freuds Pessimismus hinter sich gelassen hat, in der die Produktionsmittel sozialisiert sind, in der – im Zeichen des Orpheus – Arbeit wie bei einem Künstler wieder etwas mit Spiel und Phantasie zu tun hat, in der der ganze Körper resexualisiert wird, und wo der Todestrieb durch den Beschluß im Zaum gehalten wird, nach einem erfüllten Leben freiwillig zu sterben.

»*Aber selbst der endliche Anbruch der Freiheit*«, so beendet Marcuse seine Utopie mit einer grellen Wendung, »*kann diejenigen nicht mehr erlösen, die unter Schmerzen gestorben sind. Die Erinnerung an sie und die angehäufte Schuld der Menschheit gegenüber ihren Opfern verdunkelt die Aussichten einer Kultur ohne Unterdrückung.*«

So wurden bei Marcuse schließlich Marx und Freud miteinander verbunden – jedoch auf eine Weise, mit der auch er natürlich den Unmut des Parteikommunismus und der Psychoanalyse auf sich zog. Und es liegt auf der Hand, daß Marcuse aus allen nur erdenklichen Richtungen angegriffen wurde, denn, wie er in anderem Zusammenhang sagt, in unserer Epoche wird echter Nonkonformismus vom allmächtigen Apparat mit »*Lächerlichkeit und Niederlagen*« bestraft. Das ist ein Gesetz, das auf Stubengelehrte ebenso zutrifft wie auf ganze Staaten, Kuba zum Beispiel. Als in der zweiten Hälfte der sechziger Jahre Marcuses Name neben denen von Marx und Mao auf Transparenten in den Straßen von Berlin, und bald darauf auch in Warschau und Paris, auftauchte, erschienen in den niederländischen Zeitungen sogar Leitartikel, in denen er als »Pseudo-Philosoph« lächerlich gemacht wurde, weil er gefährlich war. Marcuse stand sogar noch weiter links als der offizielle Kommunismus (der seiner Meinung nach die Rolle der alten Sozialdemokratie übernommen hatte), und es dauerte nicht lange, bis er auch Morddrohungen bekam. Die Kugel fand ihr Ziel schließlich im Hirn von Rudi Dutschke, seinem Schüler.

So führt eine gerade Linie vom frühen Reich über den späten Marcuse zur besetzten Sorbonne, wo man Reichs Kurve, die den potenten Orgasmus darstellt, an die Wände gepinselt hatte.

Auch diese Periode ist inzwischen wieder vorbei, und man muß sagen, daß die studentischen Adepten der Frankfurter Schule nicht wenig dazu beigetragen haben, die revolutionäre Bewegung zu ersticken: ihre puristischen Analysen, mit denen sie immer schon im voraus die mathematisch-genaue Begründung für jede einzelne Aktion forderten, schreckten die wirklichen Aktivisten letztendlich ab und lähmten sie. Dadurch wurde am Ende auch die antiautoritäre Bewegung eine objektive Komponente des Unterdrückungssystems. Und es dauerte nicht lange, bis sie auch subjektiv zum autoritären Dogmatismus mit durchweg maoistischer Prägung wurde.

Selbstmord des Menschengeschlechts?

Und nun?

In *Das Unbehagen in der Kultur* gibt es eine geheimnisvolle Passage:

»*Und nun, meine ich, ist uns der Sinn der Kulturentwicklung nicht mehr dunkel. Sie muß uns den Kampf zwischen Eros und Tod, Lebenstrieb und Destruktionstrieb zeigen, wie er sich an der Menschenart vollzieht. Dieser Kampf ist der wesentliche Inhalt des Lebens überhaupt, und darum ist die Kulturentwicklung kurzweg zu bezeichnen als der Lebenskampf der Menschenart.*« Und dann folgt am Ende der Seite eine Fußnote, die lautet: »*Wahrscheinlich mit der näheren Bestimmung: wie er sich von einem gewissen, noch zu erratenden Ereignis an gestalten mußte.*«

Was Freud damit sagen will, bleibt rätselhaft. Was witterte der große Mann hier? War es schon das Gas von Auschwitz, das er nicht mehr erleben mußte, oder der Pilz von Hiroshima? Oder war es gar der Müll, mit dem wir heute zu kämpfen haben und der Berechnungen zufolge die Existenz der gesamten Menschheit bedroht?

Auf den ersten Blick scheint es zwischen diesen Phänomenen keinen Zusammenhang zu geben. Auschwitz und Hiroshima sind Störungen im kulturellen Triebhaushalt, die sich nur quantitativ von destruktiven Eruptionen in der Vergangenheit unterscheiden. Die Umweltverschmutzung scheint etwas grundsätzlich anderes zu sein: Sie ist keine »Eruption«, sie geschieht geräuschlos und niemand will sie haben, von Triebbefriedigung, welcher Art auch immer, kann keine Rede sein. Oder doch? Wenn man aber tatsächlich sagen kann, die Produktion findet auf Kosten der Libido statt, die dem Körper dabei entzogen wird, dann kann man vielleicht auch so weit gehen zu behaupten, daß die Produkte selber so etwas wie erstarrte Libido sind. Dadurch werden sie zum *Symptom der neurotischen Gesellschaft*, vergleichbar mit dem Ekzem eines neurotischen Menschen. Der Konsum der Produkte ist demnach das Pendant zu der Ersatzbefriedigung, die der Neurotiker in seinen Symptomen findet. Einerseits würde er zwar gerne anders sein wollen, andererseits aber auch nicht: Er ist wie jemand, der einen neuen Wagen kauft, den er eigentlich nicht braucht, der aber durch sein Umfeld dazu gezwungen wird und dann auch selber Gefallen daran findet, einen neuen Wagen anzuschaffen, obwohl er es sich eigentlich nicht leisten kann.

Dergleichen kann lange gutgehen. Aber bei einem Neurotiker kann trotz aller Analyse der Moment kommen, in dem das subtile Gewebe aus Eros und Thanatos endgültig zerreißt, und der Todestrieb nicht mehr an das Über-Ich gekoppelt bleibt. Er kann dann auch nicht in Form von Aggressivität auf die Außenwelt gerichtet werden, sondern vernichtet (getreu dem Freudschen »Nirwana-Prinzip«) seinen Träger durch Selbstmord. Analog hierzu kann auch die Umweltverschmutzung verstanden werden. Es wird zuviel produziert, und genauso wie sich die Libido in die Produkte verflüchtigt hat, steckt im Müll der Todestrieb und bedroht inzwischen die ganze Welt. Auschwitz und Hiroshima waren noch Folge der sekundären, nach außen gerichteten aggressiven Triebe, denen nur »die Anderen« zum Opfer fielen; in der Umweltverschmutzung aber wirkt der primäre Todestrieb, der uns selbst als Gruppe, als Menschheit bedroht.

Nach Auschwitz und Hiroshima konnten ein Vierteljahrhundert lang die sekundären Aggressionstriebe auf den Kalten Krieg umgelenkt werden; der am stärksten ins

Auge fallende »Blitzableiter« war die Aufrüstung der beiden Blöcke. Als aber der Kalte Krieg aus verschiedenen politischen Gründen vorbei war, wußte die kollektive Aggression nicht mehr, worauf sie sich richten sollte. Da unsere Produktion höher ist als die der kommunistischen Welt, ist auch unsere Aggressivität größer: die unterschiedlichen Produktionsverhältnisse spiegeln sich auch in der Art und Weise wider, wie die Russen in Ungarn und der Tschechoslowakei und wie wir in Vietnam vorgingen. Auch die unterschiedlichen Kriminalitätsraten in russischen und amerikanischen Städten sind ein Abbild dieser Verhältnisse. Und *genau in diesen Jahren* nach dem Ende des Kalten Krieges tauchte dann – wie um zu beweisen, daß all dies zusammengehört – die Umweltverschmutzung auf.

Sehr bald waren breite Schichten der Bevölkerung sich der Tatsache bewußt, daß die Menschheit durch die Verschmutzung der Umwelt die eigene Existenz gefährdete. Aber gerade die große Verbreitung dieses Wissens wirkte natürlich entpolitisierend. Die »Menschheit« besteht aus einzelnen Gruppen, die entgegengesetzte Interessen haben, und die nun plötzlich das gemeinsame Interesse haben zu überleben. Sowohl die »Arbeitgeber« (die natürlich in Wirklichkeit die Arbeit*nehmer* sind) wie auch die »Arbeitnehmer« (die natürlich in Wirklichkeit die Arbeit*geber* sind) wollen gerne weiterexistieren. Diese Entpolitisierung infolge der Umweltverschmutzung hat die letzten Reste des revolutionären Potentials der sechziger Jahre hinweggefegt. Die dogmatischen Theoretiker der Revolution wenden der Umweltproblematik dünkelhaft den Rücken zu und betrachten das Ganze mitunter sogar als den *bewußten Versuch* der herrschenden Macht, die Gesellschaft zu entpolitisieren, anstatt sich an die Spitze der

Bewegung zu setzen. Solche teuflischen Pläne der herrschenden Klasse existieren gar nicht, aber wenn die Linke derartige Pläne aufzudecken glaubt, dann gibt es sie plötzlich doch, und wenn die Linke sich dann anschließend süffisant weigert, das Ganze zu einem Politikum zu machen, dann verschafft sie der Rechten wieder einmal einen Vorteil, den sie sich selber nie hätte verschaffen können, denn in dieser Ecke hat man keine Ideen, sondern Interessen – nämlich die Umwelt zu verschmutzen.

Aber vielleicht ist diese Lähmung dem Todestrieb ja gerade inhärent, denn es liegt natürlich auf der Hand, daß es nur ein Mittel gegen die Verschmutzung der Umwelt gibt, und das ist die revolutionäre Veränderung der Produktionsbedingungen. Und diese Veränderung ist plötzlich nicht nur objektiv notwendig, sondern auch subjektiv, und das sogar für die »Arbeitgeber«, denn die müssen auch atmen. Aber in ihrer Eigenschaft als Arbeitgeber wird das nicht mehr lange möglich sein; sie müssen Menschen wie alle anderen auch werden, und daran werden sie – wie es aussieht – durch die Atemnot erinnert. Abgesehen von einigen wenigen, die es vorziehen, als Arbeitgeber zu sterben, statt als Mensch zu leben, eröffnet dies Perspektiven für eine Weiterentwicklung ohne allzuviel Blutvergießen; denn anstelle des Blutes, das bei früheren Anlässen dieser Art in die Flüsse strömte, fließen dort heute Chemikalien.

Logik

Hier verlasse ich für den Rest dieser Novelle die Gegenwart und kehre zu Reich zurück. Ich hatte ihn, nach seinem Bruch mit der KP und der IPV, im Kopenhagen des Jahres 1934 zurückgelassen. Eine »Psychose« sei bei ihm ausgebrochen, hatte ich gesagt, muß dem aber jetzt hinzufügen, daß es sich nur *in unseren Augen* um eine Psychose handelte. Für Reich änderte sich 1934 nichts. Zu Recht schreibt er in seiner Einleitung zu *The Function of the Orgasm*:

»*Die Sexualökonomie wurde im Schoße der Psychoanalyse Freuds zwischen 1919 und 1923 geboren. Die sachliche Loslösung vom Mutterboden erfolgte etwa 1928, meine Trennung von der Organisation der Psychoanalytiker erst 1934. Diese Schrift ist kein Lehrbuch, eher eine Erzählung. Systematische Darstellung des Stoffes hätte dem Leser in keiner Weise zu zeigen vermocht, wie sich im Laufe dieser zwanzig Jahre Probleme und Lösungen aneinanderreihten, daß nichts ersonnen werden konnte, und daß alles sein Dasein dem so merkwürdigen Gang wissenschaftlicher Logik verdankt. Es ist nicht falsche Bescheidenheit, wenn ich sage, daß ich mich nur als Funktionsorgan dieser Logik fühle.*«

In der Tat liegt dem Ganzen eine Logik zugrunde, aber nicht die der Wissenschaft. Auch einen »Weg« gab es eigentlich nicht; es handelte sich eher um einen sich entwickelnden Stillstand, der zu immer vollkommenerer Bewegungslosigkeit tendierte: die Logik seiner Ur-Szene, die Folgerichtigkeit, die ins Verderben führte. Ohne auch nur einmal auf- oder sich umzusehen, ging Reich den einmal eingeschlagenen Weg, der kein Weg war, weiter: die Schaffung einer neuen Welt aus der Vernichtung der patriarchalischen Familie, aus der er stammte, die Einsetzung der Mutter in ihre rechtmäßige, orgastische Freiheit, die Annullierung ihres Todestriebs und ihres Selbstmords und damit auch die Annullierung der Existenz seines Vaters – und damit auch letztendlich die Annullierung seines eigenen Verrats.

Nur *wir* konstatieren, daß es nach 1934 keinen Weg mehr gab, auf dem Reich weiter hätte gehen können, daß es den Weg nur noch in seiner (psychotischen) Vorstellung gab, und daß das Weitergehen nur noch den Sinn hatte, ihm seine Existenz zu ermöglichen.

Vegotherapie

Der Bruch der Psychoanalyse mit Reich hatte nicht nur für ihn fatale Folgen, sondern auch für die Psychoanalyse; und ich muß zugeben, daß mir der weitere Lebenslauf Reichs in seinem ganzen paranoiden Wahn viel sympathischer ist als der konformistische Niedergang der Psychoanalyse. Tragische, ja romantische Heroik: ein Reiterstandbild in einem galizischen Schneesturm – und auf der anderen Seite: peinliches Taktieren auf der Couch eines Sprechzimmers in der 52th Street, an der Wand ein Porträt von Erasmus neben dem von Freud.

Seit dem Jahr 1934 ungefähr verteilte sich die gesamte deutsche, progressive (und jüdische) Intelligenz auf die Städte, die um Deutschland herum lagen: Prag, Wien, Zürich, Paris, Brüssel, Amsterdam, Kopenhagen, Oslo, Stockholm, Moskau: wie Wellen, die von einem Stein ausgehen, der ins Wasser geworfen wurde. Auf einige der Emigranten, wie zum Beispiel auf Einstein, hatten die Nazis ein Kopfgeld ausgesetzt. Wem es nicht gelungen war, rechtzeitig zu fliehen, ging nun dem sicheren Tod entgegen. In Kopenhagen, wo Reich sich eine Existenz aufzubauen versuchte, lebte auch Brecht; offenbar sind sie einander dort jedoch nicht begegnet. Die dänische Regierung, der offensichtlich Berichte über Reichs sexuellen Bolschewismus zu Ohren gekommen waren, machte ihm schon nach einem halben Jahr Schwierigkeiten wegen seiner Aufenthaltsgenehmigung. Reich reiste in Europa herum, befreundete sich in London mit Malinowski, stritt sich in Paris mit den Trotzkisten (und verfaßte gegen sie die Broschüre *Was ist Klassenbewußtsein?*), traf in Österreich seine Frau und seine Kinder, ging nach Prag und machte sogar noch einen letzten, unerklärlichen und lebensgefährlichen Besuch in Berlin. Danach ließ er sich in Malmö, Schweden, nieder, von wo man ihn ein paar Monate später jedoch wieder vertrieb. Schließlich landete er in Oslo, wo er fünf Jahre bleiben konnte – und die Norweger machen auch tatsächlich den Eindruck, die letzten zu sein, die sich für Reichs Ideen begeistern konnten. Oslo war auch die Stadt, in der Ibsen *Peer Gynt* geschrieben hatte. Reichs Freundin Elsa arbeitete als Choreographin am National-Theater, er selber gab Seminare über Charakteranalyse am psychologischen Institut der Universität.

In Oslo begann er damit, seine jüngsten Überlegungen schriftlich auszuarbeiten. Das Buch *Orgasmusreflex, Muskelhaltung und Körperausdruck* (1937) bildet, so könnte man sagen, den Übergang von der Wissenschaft zum Wahn. Die Libido – die Reich bereits als die einzige und alleinige Lebensenergie identifiziert hatte, die sowohl allen Neurosen wie auch der Gesundheit zugrunde lag, die zu allen Zeiten Movens aller dekonstruktiven und konstruktiven Kräfte in der Gesellschaft war – mußte noch genauer als bisher erfaßt werden. In der Psychoanalyse spielte die Libido eine immer kleinere Rolle, so daß es an der Zeit war, ihre Existenz dadurch zu beweisen, daß ihre enorme Bedeutung nicht nur für psychische, sondern auch für *physische* Phänomene aufgezeigt wurde. Reich fand heraus, daß die Libido vor allem in den Muskeln zu finden war, und daß sie bei Neurotikern in bestimmten Verkrampfungen sichtbar wurde. So angreifbar die mechanistische Theorie hinter all dem auch sein mag, so entdeckte Reich hiermit – ähnlich wie mit der Charakteranalyse – ein Arbeitsgebiet, das von der Psychoanalyse bisher übersehen oder bestenfalls intuitiv von den Analytikern bei ihrer Behandlung einbezogen worden war. Auch hier kann man sagen, daß Reich seine »Menschenkenntnis« systematisierte.

Charakterpanzerung und Muskelverkrampfung waren »funktional identisch«. Auch wenn man sich nicht mit jemandem unterhält, so teilt sein Körper doch das eine oder andere mit: das Gesicht, die Schultern, die ganze Haltung, das alles drückt etwas aus. Oft kann man dies nicht unmittelbar in Worte fassen, aber jede dieser Mitteilungen ist ein Zugang zum Verständnis des Menschen; und hinzu kommt noch, daß der Mensch zwar mit seinen Worten lügen kann, nicht aber mit seinem Körper. Da jede Muskelverkrampfung auch ihre eigene Geschichte mitenthält, und damit auch den Sinn ihrer Existenz, mußte der ganze Körper des Menschen genau untersucht und erfaßt werden. Aus dem Ergebnis wurde dann die Therapie entwikkelt, die noch einen Schritt weiterging als die Charakteranalyse:

»*Wenn die charakterliche Panzerung sich durch die muskuläre Panzerung und umgekehrt ausdrücken lassen konnte, dann war die* Einheit *der seelischen und körperlichen Funktionen im Prinzip erfaßt und konnte praktisch* lenkbar *werden. Von nun an konnte ich mich dieser Einheitlichkeit beliebig oft* praktisch *bedienen. Reagierte eine charakterliche Bremsung auf psychische Beeinflussung nicht, so nahm ich die entsprechende körperliche Haltung zu Hilfe, und umgekehrt. Kam ich an eine störende körperlich-muskuläre Haltung schwer heran, so arbeitete ich an ihrem charakterlichen Ausdruck und konnte sie lockern. Ein typisches freundliches Lächeln, das die Arbeit behinderte, konnte ich nun ebensogut durch Beschreiben des Ausdrucks wie direkt durch Störung der muskulären Haltung, etwa durch Herabziehen des Kinns, beheben. Dies war ein Riesenschritt vorwärts.*«

Von nun an nannte Reich diese Kombination aus Orgasmustherapie, Charakteranalyse und Muskelbehandlung »Vegotherapie«. Nun hielt ihn nichts mehr neben der Couch, und er griff mehr denn je aktiv in der Therapie ein. So wie er mit der Charakteranalyse das volkstümliche Nachäffen des Verrückten wieder eingeführt hatte (»das Beschreiben des Ausdrucks«), entdeckte er nun tatsächlich das therapeutische Element in der altbewährten Tracht Prügel. Er berichtet von einem männlichen Patienten, bei dem ihm die steife Haltung des Nackens, mit der besonders große Männlichkeit ausgedrückt werden sollte, auffiel. Auch sonst zeigte sich dieser Patient »hartnäckig«; so wehrte er sich besonders gegen homosexuelle Phantasien, die er, wie die Analyse ergab, hatte. Eines Tages sprang Reich ihm kurzerhand an die Kehle und prügelte die Libido aus den verkrampften Halsmuskeln, worauf diese anschließend noch tagelang verzweifelt einen Fluchtweg suchte, was sich in verschiedenen Arten von Kopfschmerzen, Erschöpfungszuständen, rotem Ausschlag und Durchfall zeigte. Doch erst als sich bei dem Patienten die unwillkürlichen Zuckungen des »Orgasmusreflexes« einstellten, konnte er als geheilt betrachtet werden.

Man kann sich leicht vorstellen, wie man in der Welt der Psychoanalyse auf derartige Berichte aus Reichs Praxis reagierte. Aber als Laie (das heißt, als jemand, der weder Psychiater noch Patient ist – jedenfalls kein Patient eines Psychiaters, sondern höchstens einer dieses weißen Papiers), muß ich doch sagen, daß dies alles noch einen vertrauenerweckenden Eindruck auf mich macht. Weichliche Ärzte, wie die Neo-Freudianer, machen stinkende Wunden. Reich war immer schon ein fülliger Mann, aber auf den Fotos aus dieser Zeit wirkt er noch schwerer als sonst: bereit für die Zweikämpfe mit seinen Patienten.

Der letzte Alchimist

In keiner Weise vertrauenerweckend ist die Theorie, die auch schon seiner Auffassung über Muskeln zugrunde lag. Die »Einheit der psychischen und physischen Funktionen« ergab sich seiner Meinung nach aus der »bio-elektrischen Art« der Libido. Denn: Wenn es ihm gelänge, die Existenz der Libido auf *biologischem* Weg zu zeigen, dann hätte er die Damen und Herren vom Komitee endgültig schachmatt gesetzt. Und in Anbetracht der Tatsache, daß er diesen Beweis der Existenz der Libido für die definitive Widerlegung der Todestriebtheorie – und das bedeutet: für die eigene Weiterexistenz – unbedingt brauchte, gelang ihm der Nachweis auch.

Das psychologische Institut, an dem er arbeitete, verfügte über ein Labor – und als ihm dies zur Verfügung gestellt wurde, fing er an, Elektroden auf der Haut von Testpersonen (der Haut, die bei ihm seit 1911 von einem Ekzem gequält wurde) zu befestigen: an den Lippen, den Ohrläppchen, am Anus, den Brustwarzen, der Eichel, den Schamlippen. Anschließend wurden die Testpersonen sexuell erregt, später dann in Angstzustände versetzt. Wie? Obwohl Reich es später – als man in der norwegischen Presse anfing, ihn anzugreifen – bestritt, so muß man doch annehmen, daß er seine Testpersonen miteinander schlafen ließ. Damit hatte er endlich seine Ur-Szene experimentell im Labor rekonstruiert: er selber nun in einem weißen Kittel, den Blick auf die Meßinstrumente gerichtet.

Mit den Ausschlägen der Zeiger hatte er zwar noch nicht die Libido selber, wohl aber ihre elektrischen »Funktionen« *quantitativ gemessen*. Damit hatte er die Grundvoraussetzung aller Naturwissenschaften erfüllt. Die Experimente führten Reich zur Aufstellung seiner »Orgasmus-Formel«: *mechanische Spannung → bio-elektrische Ladung → bio-elektrische Entladung → mechanische Entspannung*. Dies war nun für ihn »die Lebensformel als solche«; die Formel beherrschte aber nicht nur den Orgasmus, »den produktiven biologischen Prozeß *per se*«, sondern ebenso die Arbeit, die Kreativität und die Freude, wie auch das Verhalten der Amöben.

Wenn ich seine Schrift *Experimentelle Ergebnisse über die elektrische Funktion von Sexualität und Angst* (1937) richtig verstanden habe, dann bestand seine Methode darin, einfach alle bio-elektrischen Prozesse, die ein zu der Formel passendes Diagramm ergaben, als Beweise für die biologische Existenz der Libido zu interpretieren – ungefähr so, wie für einfache Gläubige schon die Existenz der Welt als solche ein Gottesbeweis ist, weil ja irgendwer all dies schließlich gemacht haben muß. Das Auge der Fliege ist ingeniös, also muß es auch einen Ingenieur geben. Letztendlich kann man das Ganze mit jemandem vergleichen, der aus der Tatsache, daß es regnet, folgert, daß es ein *Es* geben muß, das auch dann regnet, wenn es trocken ist.

Von diesem Punkt an fühle ich mich von der Aufgabe entbunden, immer dafür zu sorgen, daß der Leser Reichs Theorien zu ihrem Ursprung zurückverfolgen kann: der Ur-Szene in Juzynetz. Die Frage nach ihrer objektiven Wahrheit stellt sich von nun an in der Tat kaum noch; ab jetzt fällt alles unter die Rubrik »Symptome«. Und was für Symptome! Ich lache nicht. Mit Ehrfurcht sehe ich mir die Fotos seiner Apparaturen an: die Oszillographen, die Elektroskope, die Verstärker – die Fotos von Reich selber, posierend in seinem weißen Kittel, gewichtig hält er zwei Reagenzgläser gegen das Licht, oder er sitzt über einen Laboratoriumstisch gebeugt, eine Zigarette in der freien Hand, der Tisch voller Gläschen und Flaschen, die auch zur wissenschaftlichen Ausrüstung jedes Vierzehnjährigen gehören.

Man darf annehmen, daß die Experimente der Alchimisten »funktional identisch« mit ihren inneren Prozessen waren. Mit Wissenschaftlichkeit im modernen Sinn hatte dies nichts zu tun – mit Hilfe der Materie erforschten sie sich selber. Auch Reichs Experimente waren eine Methode, seinem Zustand Form zu geben und ihn im Zaum zu halten. Ohne seine Experimente wäre er im Irrenhaus gelandet oder hätte sich, was noch wahrscheinlicher ist, umgebracht. Jung sah – allerdings erst im Rückblick – im alchimistischen *opus* ein Bild seiner eigenen inneren Entwicklung, die er während des Ersten Weltkrieges durchgemacht hatte. Er kam ohne Experimente über die Runden.

Der Alchimist, schreibt er dazu in *Psychologie und Alchimie, »erlebte seine Projektion als Eigenschaft des Stoffes. Was er in Wirklichkeit erlebte, war sein Unbewußtes.«* Und da haben wir ihn wieder, den klassischen Kunstgriff der Psychologen, die Gaukelei mit dem ausgeschlossenen Dritten. Einmal soll Echnaton ein großer Religionsstifter sein und kein Neurotiker, das andere Mal umgekehrt, während er doch beides war; nun sollen die Alchimisten wieder nicht die Eigenschaften des Stoffes erleben, sondern nur ihr eigenes Unbewußtes. Dabei erlebten sie natürlich *beides* gleichzeitig. Das Wort »Projektion« ist übrigens immer ein Zeichen dafür, daß das darauf Folgende nicht mit Sicherheit stimmt. In Jungs Memoiren kann man nachlesen, daß die Theorien, mit denen er seiner inneren Entwicklung Form gab, ihm auf die Dauer nicht real genug waren: er wollte diese Prozesse auch »in Stein« sehen. Hier liegt der Grund für sein geheimnisvolles Bauen am »Turm« in Bollingen – aber dies war eine *bewußte* Projektion, auch wenn dabei wieder eine Reihe von Halluzinationen und Gespenstern eine Rolle spielte.

Reichs Experimente waren für ihn genausowenig ein unbestimmtes »Bild«, wie sie die bewußte »Projektion« von etwas anderem waren: *sie selber* waren für Reich eine Lebensnotwendigkeit, denn nur an der Materie konnte er sein Unbewußtes erforschen. Beide waren unverbrüchlich miteinander verbunden. Darum kann man ihn auch als den letzten Alchimisten bezeichnen.

Die Auferstehung hinter dem Schlüsselloch

Es dauerte nicht lange, bis Reich seinen Stein der Weisen gefunden hatte.

Bis dahin hatte er nur das gemessen, was er für die »Funktionen« der Libido hielt; aber dies brachte nichts weiter als graue Diagramme: *»weibliche Afterschleimhaut in erregtem Zustand«*, *»die gleiche Schleimhaut in depressivem Zustand«* – auf dem ersten Foto sieht man das Potential fröhlich flattern, auf dem zweiten hängt es mißmutig unter Null. *»Potentiale eines halberregten Penis«*, *»Lustreaktion einer erregten Brustwarze«*, *»Reaktion einer Vaginalschleimhaut bei Ärger«*, *»Umarmung zweier nackter Körper«*, *»Kontrolle an nassem Tuch«*. Die Umarmungen waren konkret genug, aber die wissenschaftlichen Ergebnisse waren viel zu abstrakt. Reich wollte die universelle Lebensenergie – deren Manifestation *per se* die Libido war – *selber* sehen, direkt, mit seinen eigenen Augen. Und offensichtlich steckte sie in der Nahrung, denn daraus bezog man ja schließlich alle Lebenskraft. Reich hatte – so berichtet Ilse Ollendorff – all seinen Frauen vorgeworfen, nicht so gut kochen zu können wie seine Mutter – und so ging er also selber in die Küche und bereitete aus Gemüse, Fleisch, Milch und Eiern einen *Pot au feu*, kochte das Ganze eine halbe Stunde lang bei 120 Grad und legte anschließend einen Tropfen der Brühe unter sein Mikroskop, das er mit einer Reihe von zusätzlichen Linsen auf eine 3000fache Vergrößerung auffrisiert hatte. Und tatsächlich, da waren sie, die *Bionen*. Wo einzig der sterile Tod noch hätte herrschen dürfen, sah er pulsierende blaue Energiebläschen über den Objektträger hüpfen. Ihr Verhalten entsprach der Orgasmusformel: also handelte es sich um Atome der universellen Lebensenergie. Schlußfolgerung:

Bei derselben Temperatur, bei der alles Leben getötet wird, entsteht aus der anorganischen Materie wieder Leben in Form von Bionen.

Reich war es gelungen, tote Materie zum Leben zu erwecken – die große Auferstehung seiner Mutter hatte begonnen.

Mit dieser Entdeckung war auch die Vorstellung von der *generatio spontanea*, die es seit Anaximander gibt, wieder von den Toten auferstanden. Der Gegenbeweis, der in einem mühevollen Prozeß von Leeuwenhoeck bis Pasteur endlich erbracht worden war, wurde von dem pasteurisierenden Mikroskopisten in Oslo in einem Handstreich widerlegt.

Was war tatsächlich passiert?

Natürlich sah er blaue Bläschen zittern, denn sein Mikroskop war für all die zusätzlichen Linsen, die er sich von Leitz hatte schicken lassen, überhaupt nicht ausgelegt. Dieselbe Brownsche Bewegung, die nach Meinung der Rosenkreuzer auch schon den Untergang von Atlantis verursacht hatte, war der Grund dafür, daß die dispergierten Fetteilchen – die im übrigen so klein waren, daß sie auch durch Reichs »Hochleistungsmikroskop« nicht scharf zu sehen waren – in der Emulsion herumschwammen. Jeder andere hätte die Experimente sofort abgebrochen, nicht aber Reich. Im Prinzip ist dies ein Zeichen für Genialität: Im Laboratorium von Fleming warfen verärgerte Assistenten seit Jahr und Tag verschimmelte Bakterienkulturen weg, bis Fleming selber in einem gesegneten Augenblick bemerkte, daß die Schimmel nicht von den lebensgefährlichen Bakterien getötet wurden, sondern die lebensgefährlichen Bakterien von den Schimmeln, womit das Penicillin entdeckt war. Daß Reich sein Suppenpräparat nicht wegwarf, gehört auch in diese Kategorie – allerdings mit dem

Unterschied, daß seine Entdeckung sich in keiner Weise auf die Wirklichkeit bezog, sondern nur noch auf seine persönlichen Probleme. Und wenn man es so betrachtet, hat auch er einen Nobelpreis verdient.

Die Frage, woher die blauen Bläschen kamen, stellt sich nun auf eine andere Weise. Warum entdeckte er diese blauen Bläschen, diese orgastischen Bausteine seiner libidinösen Lebensenergie, erstmals unter dem Mikroskop und nicht auf irgendeine andere Art? Die Antwort lautet: Weil das Mikroskop das Schlüsselloch war, durch das er einst seine Mutter beobachtete. Anders ausgedrückt: Aus der besonders großen Bedeutung, die das Mikroskop bei all dem hat, darf man ableiten, daß Reich auch damals irgendwo hindurchgesehen haben muß, und es liegt am nächsten, hierbei an ein Schloß mit einem Schlüsselloch zu denken. Fünfundzwanzig Jahre danach entdeckte er durch ein Mikroskop den *Schlüssel* zum Leben.

Als der vierzehnjährige Willy heimlich durchs Schlüsselloch sah, beobachtete er etwas, das ihn erschütterte, er wußte nicht mehr, woran er war, er glaubte, verrückt zu werden, und wurde es auch, alles in seinem Kopf drehte sich. Wenn man nun nach der bewährten Methode Freuds weiterforscht, dann fällt einem ein, daß es im Deutschen, Reichs Muttersprache, einen festen Ausdruck für diesen Gemütszustand gibt: *Er erlebte sein blaues Wunder*. Und dies ist wortwörtlich das, was sich ein Vierteljahrhundert später wiederholte. Er beobachtete das orgastische Pulsieren von etwas *Blauem* durch das Schlüsselloch seines Mikroskops: er hatte das *Wunder* gefunden.

Mit seiner Ur-Szene als treibendem Moment im Hintergrund entsprang seine Entdeckung genauso aus der deutschen Sprache, wie seine Bione in der anorganischen Materie entstanden.

Strahlung überall

Aber dies war nur der Anfang – wenn auch der vom Ende. Die Bione selber waren zwar noch keine lebenden Wesen, aber sie waren auch keine anorganische Materie mehr; sie bildeten eine Art Übergangsform zwischen Tod und Leben. Aus den Bionen entstanden erst in einem späteren Stadium Bakterien. Außerdem waren die Bionen bis dahin nur ein nebensächliches Phänomen: mit Flüssigkeit gefüllte und mit blauer biologischer Energie geladene Bläschen, die wie Mann und Frau miteinander verschmelzen konnten und die man aus Nahrungsmitteln, Holz, Moos, Gras, Blut, Lava, Ruß und aus Steinen gewinnen konnte. Silikate und Eisen hingegen zeigten »bionöse Desintegration«. Weil organische Stoffe und Stein keinen elektrischen Strom leiten, konnte man also feststellen, daß die Bionenenergie keine elektromagnetische Kraft war. Diese und ähnliche Ergebnisse veröffentlichte Reich 1938 in seinem Buch *Die Bione*. Aber erst im folgenden Jahr gelang ihm der Durchbruch zur universalen Entdeckung, die es ihm seiner Meinung nach erlaubte, sich mit den Koryphäen der Wissenschaftsgeschichte auf eine Stufe zu stellen, ja, er glaubte sogar noch über ihnen zu stehen – und gegen Ende seines Lebens nannte er sich selber schlicht den »Entdekker«.

Was war nun wieder geschehen?

Im Januar 1939 – er war inzwischen 42 Jahre alt – stellte er durch Erhitzen von Meeressand ungewöhnlich große, kräftig blaue Bionen her, die sich zu Paketen von sechs oder sieben zusammengeklumpt hatten. Die Brocken taufte er SAPA – eine Ableitung aus den Worten *Sand* und *Paket*. Zum ersten Mal begegnen wir hier der Benennung durch Initialen; in den kommenden Jahren sollten noch zahllose andere folgen, und diese Neigung funktioniert nach dem gleichen Mechanismus, der ihn auch das Bionenwunder an dessen blauer Farbe erkennen ließ: der Kollaboration der Sprache. Der Wahn, der ihn dazu veranlaßt hatte, die Psychologie mit der Biologie zu vertauschen, vergrößerte sich nun noch: Mit den SAPAs vertauschte er die Biologie ihrerseits mit der Physik.

Jeden Tag starrte er stundenlang durchs Mikroskop und betrachtete die sehr aktiven SAPAs. Jedesmal bekam er dabei Schmerzen an dem Auge, mit dem er ins Mikroskop sah, und schließlich waren beide entzündet. Damit war definitiv bewiesen, daß die SAPAs *Strahlung* aussandten. Der Amsterdamer Augenarzt, den Reich konsultierte, hielt den Bericht vom strahlenden Meeressand offensichtlich für unglaubwürdig; ich aber zweifele nicht daran. Es handelte sich hierbei um die Strahlung seiner geilen Mutter, die ihre Röcke geschürzt und die nackten Beine, zwischen denen der Hauslehrer sich befand, von sich gestreckt hatte; ihre »unwillkürlichen Bewegungen«, ihr »tiefes Ausatmen«, die ganze orgastische Szene, all dies verursachte die Entzündung in seinem Auge am Schlüsselloch. Wenn Reich weiter schreibt, daß er sich nach seiner Genesung kristallklar und vital fühlte, dann stützt dies vor allem die Theorie, daß neurotische *Stauungen* sich durch ihre Symptome abbauen.

Auch auf der Haut verursachte die SAPA-Strahlung Brennen und Jucken. Das ist nichts Neues: Reich selber litt schon seit 1911 an einem solchen Hautleiden und ist nie davon geheilt worden. Aber die SAPAs riefen nun auch bei anderen Menschen diese Beschwerden hervor – das heißt, nur bei »vegetativ beweglichen« Menschen, nicht bei gepanzerten. Die vegetativ Beweglichen waren natürlich diejenigen, die unter seinem suggestiven Einfluß standen.

(Auch die Töchter Jungs hatten seinerzeit Gespenster in ihrem Schlafzimmer gesehen.) Und sie standen deshalb unter Reichs Einfluß, weil es sich bei diesen vegetativ Beweglichen um seine früheren Patienten handelte – wobei das »frühere« eigentlich zwischen Anführungszeichen stehen müßte. Immer häufiger hörte man nun (nicht nur aus Kreisen der IPV, sondern auch von seinen Patienten) den Vorwurf, Reich komme mit der *Übertragungs*-Situation nicht zurecht, mit der Schlußphase der Behandlung also, in der sich die freigewordene Libido an den Analytiker bindet. Auch später rekrutierten sich seine Mitarbeiter fast ausschließlich aus seinem Patientenstamm.

Die Atmosphäre in dem Raum, in dem die SAPA-Kulturen aufbewahrt wurden, war »drückend«. Jeder bekam dort Kopfschmerzen. Photographische Platten, auf die man die SAPAs gelegt hatte, waren belichtet. Die Kontrollplatten, auf denen keine SAPAs gelegen hatten, waren auch belichtet. *»Die Strahlung schien ›überall‹ zu sein»*, schreibt Reich. Er schloß sich mit den SAPAs in einen dunklen Keller ein (vielleicht auch die Wiederholung eines Ereignisses aus dem Jahr 1911?) und bekam Angstzustände. Er kombinierte, deduzierte, nahm die allerverrücktesten Proben, und am Ende hatte er die Lösung: *Die Strahlung war überall.* Sie war in der Atmosphäre, kam von der Sonne, und sie hieß: *Orgon.*

Da war sie endlich, die Materia Prima, das Elixier Vitae, der Lapis Philosophorum. Orgon war die universelle, physische und doch nicht elektromagnetische Lebensenergie. Als Libido beherrschte sie den Menschen und die Gesellschaft, in Form von Bionen offenbarte sie die Art der Materie, und als reines Orgon kam sie von der Sonne und erfüllte den Raum. Der Orgasmus seiner Mutter nahm Besitz vom ganzen Sonnensystem.

Auch die patriarchalische Gesellschaft begann nun, sich wieder zu regen. Auf seine erneuten Mitteilungen über den Orgasmus und die pikanten Experimente, die er an der Universität in Oslo machte, reagierte sie mit einer Kampagne aus Hunderten von Artikeln in der Skandalpresse, die unterstützt wurde durch wissenschaftliche Angriffe von Psychologen, politische von Kommunisten und antisemitische von Faschisten. Er wehrte sich gegen all diese Angriffe, worunter allerdings vor allem Elsa zu leiden hatte, denn sie war in seinen Augen die ihm nächste Repräsentantin der Außenwelt. Von diesem Zeitpunkt an entwickelte sich bei Reich eine extreme Eifersucht, die er bis zu seinem Tod nicht mehr ablegen sollte; er verdächtigte seine Frau, ihn mit allen und jedem zu betrügen – das macht, da es sich immerhin um den Erfinder von SexPol handelt, einen etwas merkwürdigen Eindruck, aber bei dem Jungen, der seit der Geschichte mit dem Schlüsselloch allen Grund zum Mißtrauen hatte, wirkt dieses Verhalten weniger komisch.

Hinzu kam noch, daß Freud im Sterben lag. Im Juni 1938 war er nach London geflohen, 82 Jahre alt, und es war bekannt, daß er bald sterben würde. Freud litt seit vielen Jahren an Kieferkrebs, den Reich immer in Zusammenhang mit der Aufstellung der Todestrieb-Theorie gebracht hatte. »*Es traf ihn genau hier, in seinem Mund*«, sagte er in einem Interview mit Eissler – und diese Bemerkung ist für mich die moralische Legitimation, so über ihn zu schreiben, wie ich es jetzt mache. Die Stelle mußte natürlich großen Eindruck auf jemanden machen, der sich selber einmal so tragisch den Mund verbrannt hatte. In den zwanziger Jahren hatte Freud sich desillusioniert in das kalte Wasser des Todestriebs gestellt, und seine Krebserkrankung stand für Reich nun stellvertretend für die Tuberkulose seines Vaters.

Bione töteten Krebszellen. SAPAs paralysierten mit ihren Strahlen Krebszellen aus einer Entfernung von zehn Metern. Orgon-Energie war das Heilmittel gegen Krebs. Wer keine Hoffnung mehr hat, der bekommt Krebs: seine Körperfunktionen entsprechen nicht mehr der Orgasmus-Formel, Protozoen fangen in diesem Menschen zu wuchern an, und nur eine noch zu entwickelnde Orgon-Therapie konnte ihn retten.

Freud starb am 23. September 1939 an einer tödlichen Injektion, um die er seinen Arzt gebeten hatte. Reich wohnte zu diesem Zeitpunkt schon seit einem Monat in den Vereinigten Staaten. Die schwarze Schlammflut war dabei, ganz Europa zu überströmen; diese Tatsache aber ist schon nicht mehr gänzlich in Reichs Bewußtsein vorgedrungen. Ihm ist zweifellos der Tod Freuds nähergegangen. Reichs Mitarbeiter am Institut hatten Reich mit einem Seufzer der Erleichterung abreisen lassen – einem Seufzer, der bald darauf schon durch Hitlers Überfall auf Norwegen erstickt wurde. Als Reich nach dem Krieg wieder Kontakt mit ihnen aufnahm, fühlte er sich von ihnen verraten, weil sie – nach den Erfahrungen, die sie mit der Besetzung, in Konzentrationslagern und im Widerstand gemacht hatten – nicht sofort Feuer und Flamme waren für die neuesten Entwicklungen des Orgonismus. Auch seine Freundin Elsa war in Norwegen geblieben; als sie ihn nach überstandenem Kriegselend um Hilfe bat, schickte er ihr 25 Dollar.

In New York traf Reich seine neue Frau, Ilse Ollendorff, die sich anfangs in der Küche um die Bionenkulturen und im Keller um die mit Krebs verseuchten Mäuse kümmern mußte. Er gab an der New School for Social Research Seminare über Charakteranalyse, und in seiner Privatpraxis behandelte er weiterhin Patienten mit der Vegotherapie – genau so wie auch alles andere weiterging, was nicht unmittelbar unter dem Strahlungsgürtel des Orgon lag. Aber auch das Orgon existierte natürlich weiter. Im Sommer 1940 schaute Reich während seiner Ferien in Maine in den klaren Sternenhimmel. Ein leichts Flackern des Sternenlichts erregte seine Aufmerksamkeit. Da stimmte etwas nicht. Er nahm ein Rohr, und durch diese neue Variante des Schlüssellochs beobachtete er die dunklen Räume zwischen den Sternen. Zweifel waren ausgeschlossen: Auch dort flackerte es, ja sogar Lichtblitze konnte man sehen. Das war der Beweis: Das Universum war ein Ozean voller Orgonenergie – sie war die »primordiale kosmische Energie«. Nicht nur das Sonnensystem, das ganze Weltall hatte einen Orgasmus wie damals seine Mutter.

Endlich war Reich dort angekommen, wo er hinwollte.

Ablehnung durch Einstein

Die Heilung von Krebs stellte jetzt auch kein Problem mehr dar: Schon im Herbst des gleichen Jahres hatte Reich seinen Orgon-Akkumulator fertig. Das Gerät sah aus wie eine Telefonzelle aus Holz, von innen mit Metall verkleidet. Der Grund für diese Konstruktion waren die unterschiedlichen orgonischen Eigenschaften dieser Stoffe, die man durch Tests herausgefunden hatte: orgon-reflektierend und -absorbierend. Das war schon alles. Der Patient mußte sich jetzt nur noch unbekleidet in den Orgon-Akkumulator setzen, dann wurde die Tür geschlossen, und alles Weitere ging von allein. Nach dem Prinzip der Leidener Flasche nahm im Inneren die Konzentration des allgegenwärtigen Orgon rasch zu, dem Patienten wurde warm, er sah blaue Nebel aus Energie, danach Lichtblitze, wie man sie auch zwischen den Sternen beobachten konnte, dann begann der Patient, sich merkwürdig zu fühlen, immer mehr rote Flecken erschienen auf seiner Haut. Natürlich durfte er dieser Strahlung nicht zu lange ausgesetzt werden, denn das wäre lebensgefährlich gewesen. Aber es dauerte nicht lange, dann mußte der Patient schon nicht mehr auf einer Trage zur Behandlung gebracht werden, schreibt Reich, sondern kam mit der U-Bahn. Und kurze Zeit später war er dann vollständig geheilt.

Für Freud war die Erfindung dieses Gerätes zu spät gekommen. Zwar hatte Reich nun eine allgegenwärtige Mutter, aber keinen Vater mehr. Also sah er sich nach einem um, und dabei fiel sein Blick auf Albert Einstein.

Einstein war auch in die Vereinigten Staaten emigriert: Er lebte in Princeton und arbeitete am Institute for Advanced Studies. Wie Reich beschäftigte er sich exakt zu dieser Zeit mit einer ungeheuer großen Energie, die auf der Sonne aktiv war, aber auch aus Materie gewonnen werden konnte: der Atomenergie. Bereits ein Jahr zuvor hatte er sich mit seiner ganzen persönlichen Autorität bei Präsident Roosevelt dafür eingesetzt, diese Energie noch vor dem Ende des Weltkriegs zu erforschen; ein Jahr später, 1941 also, führte dies zum Start des Manhattan-Projekts. Das war selbstverständlich streng geheim: Erst bei der Vernichtung Hiroshimas erfuhr die Öffentlichkeit davon. Auch Reich wußte natürlich von all dem nichts – aber es ist schon merkwürdig, daß er zur gleichen Zeit mit seiner primordialen kosmischen Energie zugange war; fast scheint es so, als ob er der mystische Schatten der wirklichen Naturwissenschaft ist.

Reich schrieb Einstein einen Brief und war sehr aufgeregt, als der legendäre Gelehrte signalisierte, daß er ihn empfangen wolle. Das mit seinen langen weißen Haaren väterlich wirkende Genie hörte ihm fünf Stunden lang zu, schaute in ein »Orgonoskop« (neuestes Modell der Serie »Schlüsselloch«) und sagte, daß er gerne einmal so einen Orgon-Akkumulator sehen wolle. Reich reiste zurück nach New York und baute ein Exemplar für Einstein. Er sah das Institute for Advanced Studies, wo er endlich unter seinesgleichen sein würde, in seine Reichweite rücken. Die vereinheitlichte Feldtheorie, die alles aus einem einzigen Prinzip heraus erklärte und nach der Einstein vergebens suchte, die hatte er schließlich schon gefunden. Reich schickte Einstein den Orgon-Akkumulator, und bald darauf kam ein Brief Einsteins, in dem dieser mit kühlem Ton alle orgonischen Theorien und Schlußfolgerungen für Unsinn erklärte. Reich sandte ihm daraufhin noch eine ausführliche Verteidigung seiner Theorien, aber darauf antwortete Einstein nicht mehr.

Damit war Reich zum wiederholten Male von seinem Vater abgewiesen worden. Seine Reaktion hierauf sprach Bände: Er sammelte Material, um zu beweisen, daß Einstein an einem kommunistischen Komplott gegen ihn und sein Werk beteiligt war. Das bedeutet: Er machte Stalin nun zu seinem einzigen Vater. Die Folge war, daß Hitler mehr und mehr aus seinem Bewußtsein verschwand und damit auch der Zweite Weltkrieg. Daß Stalin bald darauf mit dem Faschismus in einen Kampf auf Leben und Tod verwickelt war, dessen war Reich sich nicht bewußt. Im Gegenteil, als die Nazis 1941 nicht wie bisher nur in Galizien, sondern auch in anderen großen Teilen der Sowjetunion Juden und Kommunisten, Arbeiter, Bauern, Frauen und Kinder ausrotteten, notierte Reich seine neuesten politischen Ideen, die unverkennbar einen korporativ-faschistischen Stempel trugen.

»Arbeitsdemokratie« nannte er sein System, und es richtete sich gegen die Politik als solche. Jeder sollte dort, wo er arbeitete, mitbestimmen dürfen, dann würde er auch glücklich sein. Das bedeutete also, daß der Arbeiter über sein Fließband zu entscheiden hatte und der Direktor über die Arbeiter; nur: Letzteres war immer schon der Fall gewesen. Der Direktor war immer schon glücklich gewesen, und das sollte auch so bleiben. Das Ganze war nichts anderes als das alte Sprichwort »Schuster, bleib bei deinem Leisten«, aufgeblasen zu einer Ideologie – die gleiche Lebensregel, deren Verwerfung durch Peer Gynt er einst so bewundert hatte. Reich fing nun auch an, seine früheren Bücher von der marxistischen Terminologie zu säubern; er behauptete sogar, er sei freiwillig aus der kommunistischen Partei ausgetreten und publizierte eine Reihe von Schriften, in denen er die Sowjetunion heftig angriff.

Weil Reich für sich den Faschismus und den Krieg völlig ausgeblendet hatte, hatte für ihn der Kalte Krieg schon begonnen. Als die anti-deutsche Allianz zwischen den Vereinigten Staaten und der Sowjetunion gerade erst zustande gekommen war, sprach Reich schon vom »roten Faschismus«. Diese Tatsache zeigt auf sehr schöne Weise den paranoiden Kern des militanten Antikommunismus.

1942 gründete Reich im Staat Maine, wo er das kosmische Orgon zwischen den Sternen entdeckt hatte, kurzerhand sein eigenes *Institute for Advanced Studies*. Am Mooselookmeguntic-See kaufte er ein großes Grundstück, auf dem es auch einen Brunnen und einen Hügel (Observatorium!) gab, und errichtete dort das Orgon-Institut. Mit Hilfe seiner mehr oder weniger ehemaligen Patienten, die nun seine Anhänger und Mitarbeiter waren, wurden ein Haus und ein Laboratorium erbaut. Ilse Ollendorff erzählt, wie Reich immer wieder auf dem Grundstück herumlief und überall dort Pfähle setzte und versetzte, wo er in seiner Vorstellung schon die Laboratorien und Krankenhäuser, die Bibliotheken und Lesesäle, die Observatorien, die Mäusezucht, den Kindergarten, die Wohnhäuser und Gästezimmer seines mystischen *Manhattan-Projekts* vor sich sah. Ab und zu plaudert Ilse aber in ihrer Biographie glücklicherweise aus der Schule (auch wenn sie leider nichts darüber berichtet, welche Art von Orgasmus Reich eigentlich hatte): Das gleiche kindische Verhalten finden wir auch in der Art, in der Reich Besucher zu empfangen pflegte: der bedeutende Mann der Wissenschaft, der verwirrt aus seinen Papieren aufsieht, die er extra zu diesem Zweck hingelegt hatte.

Es war einiges los auf Orgonon. Mäuse krepierten zu Tausenden an Krebs, Orgon-Akkumulatoren wurden weiter getestet, Seminare, Studenten, Patienten, Assistenten; und 1944 wurde Reichs Sohn Peter geboren – wahrscheinlich ein spätes Echo von Peer (Gynt). Im Jahr darauf fand Hitler unbemerkt sein verächtliches Ende, Reich wurde amerikanischer Staatsbürger und entdeckte die »emotionale Pest«. Auch sie war eine Ursache für Krebs, und sie befiel jeden, der keinen richtigen Orgasmus haben konnte. Im August 1945 machten die Amerikaner mit der Vernichtung von Hiroshima deutlich, wie sie in Zukunft in Asien aufzutreten gedachten, und Reich ordnete die Atomenergie in sein System ein, indem er behauptete, daß NR (*nuclear radiation*) »nach der Materie« kommt, seine OR hingegen aber »vor der Materie«.

In den ersten Nachkriegsjahren, während die Experimente weitergingen, fanden sich die unterschiedlichsten Jünger in Reichs Institut ein, die Publikation der »Annals of the Orgone Institute« begann, und kurze Zeit später erschienen auch die ersten Artikel über ihn in der amerikanischen Presse: Ein merkwürdiger Dr. Reich aus Deutschland vermietete kleine Zimmer, in denen man zum Orgasmus kommen konnte. Reich selber veröffentlichte 1948 sein widerliches Buch *Listen, Little Man!* – eine larmoyante Verteidigung gegen diese Angriffe. In dieser Schrift wird zum ersten Mal der beginnende Verfall seiner ganzen Persönlichkeit sichtbar. Reich war nun 51 Jahre alt. Er fing an zu trinken, hatte Wutanfälle; sein exzessives Rauchen verursachte ernsthafte Herzprobleme und Hustenanfälle, bei denen er manchmal für kurze Zeit in Ohnmacht fiel. 1951 veröffentlichte Reich sein unlesbares Buch *Ether, God, and Devil*, wiederum eine Verteidigungsschrift, nun gegen den Vorwurf des Mystizismus, den er oft aus dem Mund »engstirniger Mechanisten« zu hören bekam. Was er betrieb war kein Mystizismus, sondern »orgonomischer Funktionalismus«, und man findet hier Sätze wie zum Beispiel:

»*Der bewegende primäre Orgon-Ozean erscheint als der primordiale Beweger der Himmelskörper.*«

Mit seiner Entdeckung, daß Orgonströme die Basis für die Entstehung der Sonnensysteme bildeten, erreichte sein

Weltbild seine größtmögliche Entfaltung. Im gleichen Moment aber verschlimmerte sich sein Zustand; plötzlich bekam sein Logos Spermatikos Löcher.

Der schaudernerweckende Ausdruck dieser Entwicklung ist sein Buch *The Oranur Experiment* (1951). Dieses Experiment bestand aus der Konfrontation seiner eigenen Orgonenergie mit Einsteins Atomenergie. Dies war der Beginn des Endkampfes: die Libido gegen den Todestrieb des Vaters. Diese Konfrontation mußte natürlich, da objektiv gesehen nur Einsteins Energie wirklich existierte, katastrophal enden. Reich hatte sich in den Kopf gesetzt, daß OR in der Lage sein müsse, NR zu neutralisieren. Er bombardierte seine Mäuse also mit einer Dosis radioaktiver Strahlen des Phosphorisotops P-32 und steckte sie anschließend rasch in den Orgon-Akkumulator. Aber nicht nur die Mäuse starben eines jämmerlichen Todes, auch die ganze Umgebung von Orgonon wurde verstrahlt, Mitarbeiter wurden verseucht, seine Frau mußte ins Krankenhaus, und auch sein Sohn bekam eine Dosis der Strahlung ab; alles war in Panik, und es grenzt an ein Wunder, daß es keine Toten gab.

Einstein hatte mit einem fürchterlichen *knock out* gewonnen. Von dieser unerträglichen Einsicht befreite Reich sich, indem er die Ereignisse mit einem analogen Vorfall, der sich zwölf Jahre zuvor ereignet hatte, verglich: seine Augen entzündeten sich – aber danach fühlte er sich klarer und vitaler denn je. Damit war bewiesen, daß OR zumindest gegen NR »immun« machte. Und daß NR unverhältnismäßig hoch war, lag daran, daß sie durch OR noch *verstärkt* wurde.

»*Das organismische* OR *rebelliert gegen die* NR *als ob sie selber* NR *sei, das heißt tödlich. Das sonst heilende* OR *spaltet gleichsam einen tödlichen Teil von sich ab* (DOR), *etwa so wie ein Gewitter sich aus der orgonotischen Herrlichkeit eines sonnigen Tages entwickelt.«*

Wie ein Donnerschlag bei klarem Himmel wurde hier der Tod in die Lebenskraft gepflanzt – genauso wie Freud in *Jenseits des Lustprinzips* den Todestrieb mit dem Eros verbunden hatte, und wogegen Reich sich mit seinem Lebenswerk gewehrt hatte. In einem Interview aus dem Jahr 1952 sagt er:

»Und Freud war mit seinem Todestrieb im Unrecht, aber auch wenn er noch so sehr danebenlag, selbst im Unrecht hatte er recht. Was er mit seinem Todestrieb erfühlte, was er damit zu fassen versuchte, was er damit in den Menschen erfühlte, daß war eine gewisse Eigenschaft des Sterbens. In physischer Sicht nennen wir dies heute DOR. (...) *Es handelt sich um eine sumpfige Eigenschaft. Sie wissen, wie Sümpfe aussehen? Stillstand, tödliches Wasser, das nicht fließt, nicht lebt«*, das bedeutet: der Weiher, in den sein Vater sich gestellt hatte, um zu sterben. *»Freud versuchte, diese Eigenschaft zu fassen. Heute weiß ich, daß er im menschlichen Organismus etwas erahnte, das tödlich war. Er aber dachte in den Kategorien des Triebs. Also stieß er auf den Begriff Todestrieb. Das war falsch. ›Tod‹ war in Ordnung. ›Trieb‹ stimmte nicht. Denn es handelt sich hier nicht um etwas, was der Organismus will. Es ist etwas, das dem Organismus widerfährt. Darum haben wir es hier auch nicht mit einem ›Trieb‹ zu tun. Freud war sehr scharfsinnig. Er hatte eine Nase für solche Dinge. Phantastisch. Phantastisch. Phantastisch!«*

Und konsequenterweise erlitt Reich ein paar Monate nach dem Oranur-Experiment einen Herzinfarkt. In ihm selber hatte der Vater begonnen, seinen Sieg zu vollenden.

Wiederkehr des Hauslehrers

Einen Herz-Spezialisten wollte Reich natürlich nicht konsultieren, aber er hörte auf zu rauchen und kurierte sich selbst mit Hilfe der Orgon-Therapie. Währenddessen arbeitete er an seinem Buch *The Murder of Christ*. Mit »Christus« meinte er sich selber, und in dem Buch findet sich ein Kapitel, das im Lichte meiner Interpretation von größtem Interesse ist: *The Murder of Christ in Giordano Bruno*.

Seine Verketzerung des Kommunismus hatte Reich natürlich während der ganzen Zeit mit den altbekannten Mitteln weiterbetrieben, allerdings wurde er nun – mit wenigen Ausnahmen – von der ganzen westlichen Presse gestützt. Es waren auch die Kommunisten gewesen, die ihm seinen »Orgon-Motor« gestohlen hatten. Stalin – der Millionen von Menschen umgebracht hatte, weil er keinen richtigen Orgasmus haben konnte – nannte er fortan einen MODJU. Diesen Terminus hatte er aus Stalins wirklichem Familiennamen, Djugaschwili, und dem von Giovanni Mocenigo gebildet – dem italienischen Edelmann, dessen Privatlehrer Giordano Bruno war und der später Anzeige bei der Inquisition gegen seinen Lehrer erstattete, was dann zu Brunos Tod auf dem Scheiterhaufen im Jahre 1600 führte. Daß Stalin für Reichs archetypischen Superschurken MODJU Pate stehen mußte, versteht sich von selber. Merkwürdig aber ist, daß von allen Schurken, die die Weltgeschichte sonst noch zu bieten hat, Mocenigo die andere Hälfte des Namens beisteuern durfte. Warum gerade dieser ziemlich unbekannte Lümmel und nicht jemand anders? Da steckt natürlich mehr dahinter.

In seinem Buch identifiziert Reich sich mit Bruno: Der hatte die Existenz eines unendlichen Weltalls behauptet und war damit der Vorläufer »*der tatsächlichen Entdekkung der Orgon-Energie im 20. Jahrhundert*«. Mocenigo hingegen (der von Bruno in der Mnemotechnik unterrichtet wurde) war ein Nichtsnutz, »der böse Träume produziert, so wie eine Henne Eier legt«. Weil er tote Genitalien und eine verdorrte Seele hatte, verriet dieser pestilente Mörder einen Mann, in dem Christus wohnte. Aber so verhält es sich natürlich nicht – oder eigentlich doch, allerdings andersherum. Denn auch dem Hauslehrer sind wir schon einmal begegnet. Durchs Schlüsselloch sah Willy ihn mit seiner Mutter in Aktion. Seit 1911 war er verschwunden, aber jetzt ist er wieder da, heiliggesprochen in der Gestalt Giordano Brunos. Und Mocenigo, der Mann mit dem schlechten Gedächtnis, der ihn bei der Inquisition anzeigte, der ist Reich selber.

Reich hat sich also in dem Namen MODJU mit Stalin verbunden. In diesem Akt wird derselbe Prozeß der Selbstvernichtung deutlich wie im Einpflanzen des Todes in die Lebensenergie, dessen Resultat DOR war. Ähnlich verhält es sich auch mit dem krankem Herzen in Reichs sonst kerngesundem Körper. Der Hauslehrer hielt sich derweil, verkleidet als der große Kosmologe Bruno, im primordialen Orgasmus-Ozean von Cecilia Reich auf – seit 1911 hatte sich nichts Grundlegendes geändert.

Der trostlose Tod

In dieser Zeit begann Reich zu malen: ein Gemälde pro Tag. Ilse Ollendorff zufolge waren sie im Stile von Edvard Munch gemalt, dessen Werk er in Norwegen kennengelernt hatte. Wenn ein Militärflugzeug das Institut überflog, pflegte Reich zu sagen, daß dies zu seinem Schutz geschehe, denn Präsident Eisenhower stehe auf seiner Seite. Nur könne der Präsident das natürlich nicht öffentlich sagen.

Das tägliche Malen schärfte seinen Blick für die Landschaft – und im März 1952 stellte er zu seinem Entsetzen fest, daß DOR dabei war, von der ganzen Erde Besitz zu ergreifen. Die Natur wurde »still«, »düster«, die Vögel hörten auf zu singen, die Frösche im Mooselookmeguntic-See quakten nicht mehr, die Felsen färbten sich schwarz, jeder Glanz und alles Funkeln verschwand von der Erde, alles wurde »traurig« und »erstarb«. Der Grund hierfür waren vorüberziehende DOR-Wolken. Reich schreibt im »Orgone Energy Bulletin«, IV, 4:

»*Bäume, Felsen, Telegraphenmasten, Bergkämme, Häuser schienen ›schwarz‹ zu sein, obwohl sie nicht wirklich schwarz waren. Es war vielmehr die* Abwesenheit von Licht. *Für den orgonomisch geschulten Beobachter wird schnell deutlich, daß dies die Folge einer Verdünnung oder Abschwächung des* OR-*Energiesubstrats ist, das normalerweise durch Glanz und Leuchten für das helle Tageslicht sorgt. Aufgepaßt:* DOR-*Wolken treten auf, während die Sonne weiterhin scheint. Die grüne Färbung der Bäume und Wiesen verschwindet von den Bergen. Alles scheint schwarz zu werden oder ›stumpf‹. Man erlebt und empfindet dies notwendigerweise als* Den Tod, ›Den trostlosen Tod‹, *wie einige ihn nennen. Diese trostlose Schwärze hängt besonders über Landschaften ohne Vegetation und über Sümpfen. Sümpfe haben eine besondere Affinität zu der Wirkung von* DOR.«

Diese Wolken konnten unmöglich noch eine Folge des Oranur-Experimentes sein, und wo sie herkamen, war vorerst ein Rätsel, aber es mußten möglichst schnell Maßnahmen ergriffen werden. Der Zustand der DOR EMERGENCY wurde erklärt, und Orgonon wurde Hals über Kopf evakuiert.

Dies bedeutete das Ende von Reichs Rekonvaleszenzzeit, und eine neue Phase seiner alchimistischen Aktivitäten brach an. Sein Gefühl des Gehetztwerdens schien zuzunehmen. In diesen Wochen schlief er nie zwei Nächte im gleichen Haus; um der Gefahr zu entkommen, fuhr er mit seinem Wagen kreuz und quer durch Maine und übernachtete in Motels oder in einem Zelt. Er muß während dieser Fahrten völlig ratlos und todkrank gewesen sein, der arme Willy Reich – unter einem Himmel, in dem immer, bis in die Weiten zwischen den Sternen, die unverletzliche Mutter-Energie gewohnt hatte, in den nun aber der Tod seine Löcher fraß. Doch wieder fand er einen Ausweg, der ihm den Selbstmord ersparte: CORE – *cosmic orgone engineering*.

Im Juli gab er das Zeichen, daß man nach Orgonon zurückkehren konnte. Sofort machte man sich an den Bau von *cloudbusters*: »Wolkenknackern«. Lange brauchte man dafür nicht. Das Gerät bestand aus einer vier Meter langen Röhre, deren »Ende durch ein Hohlkabel mit einem Fluß, einem See, einer Quelle, einem Brunnen oder mit irgendeinem anderen Gewässer verbunden wurde«. Das andere Ende der Röhre richtete man auf das Zentrum der DOR-Wolke, der auf diese Weise die tödliche Energie entzogen wurde, so daß die Wolke zerstört war.

Wenn man dies in Reichs Wirklichkeit übersetzt, bedeutet das: Der Wolkenknacker war das Schlüsselloch, das nun direkt an das Wasser angeschlossen war, in dem sein Vater sich den Tod geholt hatte.

In den folgenden zwei Jahren nahmen die OROP (*orgone operations*) rasch größere Ausmaße an. Nach einigen

Experimenten stellte sich heraus, daß der Wolkenknacker auch Wolken *machen* konnte. Zu diesem Zweck mußte man mit ihm genau neben eine Wolke zielen – selbstverständlich keine DOR-Wolke, sondern eine gesunde OR-Wolke –, und bald danach wurde sie größer. Dann dauerte es nicht lange, und es fing an zu regnen. Reich, der kommunistische Psychoanalytiker, war am Ende ein Regenmacher geworden – und nur ein Trobriander würde sich darüber nicht wundern.

Natürlich war damit auch die Erschließung von Wüstengebieten in den Bereich des Möglichen gerückt. Obwohl es Reich auch schon gelungen war, einen heranziehenden Orkan aufs Meer umzuleiten, fand er in Washington niemanden, der bereit gewesen wäre, sein Projekt OROP DESERT finanziell zu unterstützen. Der Präsident konnte sich offensichtlich immer noch nicht öffentlich zu ihm bekennen. Mit seinen Mitarbeitern und seinem Sohn Peter, der von all dem begeistert war, lud er also die Wolkenknakker auf Lastwagen und unternahm auf eigene Rechnung die lange Reise von Maine im äußersten Nordosten der Vereinigten Staaten nach Arizona im äußersten Südwesten. Eine amerikanische Reise von archetypischem Format. Vergleichbar wohl nur mit der, die Humbert Humbert mit seiner Lolita in Nabokovs Roman macht, der im gleichen Jahr erschien.

Es war ein Jahr der Stürme: Hurrikan
Lolita fegte von Florida bis Maine.
Mars glühte. Schahs hielten Hochzeit. Düstre Russen
spionierten. Lang malte dein Porträt. Und eines Abends
starb ich.

wie er Jahre später in *Fahles Feuer* (Z. 679–682) dichtete.

Die Fernsehstation Tucson berichtete regelmäßig über Reichs Projekt. Aufregender Höhepunkt des Ganzen war, als mit dem Flugzeug eine gewisse Menge ORUR, ein aktiver Stoff, der von »vor der Materie« stammte, herangeschafft wurde, die aus Sicherheitsgründen an einem langen Seil hinter dem Flugzeug hergeschleppt werden mußte. Peter war damals elf Jahre alt, und man kann sich vorstellen, wie stolz er auf seinen Vater war.

So verrückt dies alles auch ist, so kann man ihm doch – neben dem, was für Reichs Ur-Szene symptomatisch ist – noch einen anderen Aspekt abgewinnen. Die Chemie entstand schließlich auch aus der Alchimie. So wie Reichs Arbeit am Akkumulator der Orgon-Energie eine Art von »mystischem Schatten« der wirklich wissenschaftlichen Arbeit am Kernreaktor für die Kernenergie war, so war sein Kampf gegen DOR ein »mystischer Vorausschatten« des Kampfes gegen die Umweltverschmutzung. Der schwarze DOR-Stoff, MELANOR genannt, den er vorsichtig von den Felsen kratzte, stammte vermutlich aus einem Fabrikschornstein. Und wenn ich vorhin den Abfall im übertragenen Sinne als eine Manifestation des Todestriebes beschrieben habe, dann ist dies im Prinzip nichts anderes, als was Reich meinte. Der Unterschied ist nur, daß für ihn die DOR-Wolken nicht aus einem Schornstein kamen.

Er hatte nämlich inzwischen herausgefunden, daß die DOR-Wolken durch die ständigen Bombentests mit Einsteins NR verursacht wurden. Auch dies ist nichts, worüber man sich besonders lustig machen sollte. Wenn es damals in den Niederlanden einmal regnete, dann sagten wir auch: »Daran ist die Atombombe schuld.« Reich aber begnügte sich nicht mit dieser Erkenntnis. Es gelang ihm nachzuweisen, daß auch die Abgase von fliegenden Untertassen, die mit OR betrieben wurden, aus DOR bestanden. Die Wesen von *outer space* waren voller Wut zur Erde gereist, weil wir unseren OR-Haushalt mit den DOR ausstoßenden Tests durcheinanderbrachten – und zur Strafe bestrahlten sie uns nun mit noch mehr DOR. Das war zwar für die Menschheit fatal, aber es änderte, so Reich, nichts an der Tatsache, daß diese Wesen aus dem immer noch reinen Orgon-Ozean stammten: Sowohl charakterologisch wie auch muskulär waren sie ungepanzert und orgastisch absolut potent.

Wer aber war ihr Anführer?

Reich äußert sich dazu nicht; aber es kann niemand anderes als Giordano Bruno gewesen sein. Der Hauslehrer kehrte aus der ozeanischen Mutter im Weltall zurück, um den kleinen Willy für sein Petzen zu bestrafen. Warum besorgte das der Vater nicht mehr? Zur gleichen Zeit erstaunte Reich seine Umgebung mit der Behauptung, daß er nicht der Sohn seines Vaters sei, sondern der Sohn eines Wesens von *outer space*. Und wenn man daran denkt, wie sinnenfroh seine Mutter war, dann ist das vielleicht gar nicht mal so unwahrscheinlich. Aber daß er dies ausgerechnet 1953 sagte und nicht früher oder später, und daß der Hauslehrer ausgerechnet in diesem Jahr als neuer Vater an seinem Firmament erschien, das hatte seinen Grund darin, daß in diesem Jahr sein letzter gesetzlicher Vater starb: Stalin.

Ablehnung durch Amerika

Und nachdem alle bei ihm gewesen waren, kam das FBI.

Man muß nun versuchen, etwas Abstand zu all dem zu gewinnen und sich dann vorstellen, welchen Ruf das Orgonon Institute inzwischen nicht nur in der näheren Umgebung gehabt haben muß. Ein Gebäudekomplex in den Hügeln, von Stacheldraht umgeben, überall Schilder, auf denen *Zutritt verboten* steht, und bewacht von Männern mit Jagdgewehren. Im Inneren wurden geheimnisvolle Tests gemacht, die ein aus Mitteleuropa stammender Dr. Reich durchführte: ein riesiger Jude mit deutschem Akzent, der Bolschewist gewesen war und nun nackte Menschen in Schränken zum Orgasmus kommen ließ, der seine Patienten nachäffte und vermöbelte, der in Steinen Leben entdeckt hatte und Krebs heilen konnte, der Orkane umlenkte, Regen machte und Wüsten erschloß, der stundenlang malte und sich dann abends vollaufen ließ, dessen Frau radioaktiv verseucht worden war und ins Krankenhaus mußte, und der selber alle naslang voller Panik flüchtete und in Motels übernachtete, wahrscheinlich – auch wenn er selber von sich behauptete, daß er Christus sei – zusammen mit dem Teufel und seiner Großmutter, die mit einer fliegenden Untertasse gekommen waren.

Frankensteins Ungeheuer. Gleichzeitig aber auch: Goldfinger. Just zu dieser Zeit wurden Flemings Romane in Amerika sehr populär, und wenn die Leser sich eine konkrete Vorstellung vom Hauptquartier von SMERSH oder SPECTRE oder einer der anderen verbrecherischen Organisationen machen wollten, dann konnten sie das Orgone Institute in Rangley als Beispiel nehmen; vielleicht hatte ja bereits Fleming sich davon inspirieren lassen.

James Bond erschien in Gestalt der Federal Food and

Drug Administration. Schon seit Jahren verfolgte diese Behörde aufmerksam die Aktivitäten mit den Orgon-Akkumulatoren, von denen inzwischen 300 in Umlauf waren und die jedes Jahr etliche zehntausend Dollar an Miete einbrachten. Das war natürlich unerlaubte Ausübung des Arztberufes. Zwar steckte bei Reich keinerlei böse Absicht dahinter, aber inzwischen schrieben Tausende von unheilbar kranken Krebspatienten und ihre Familienangehörigen Schecks aus, mit denen sie sich ein bißchen Hoffnung kauften, um anschließend in noch tiefere Verzweiflung zu fallen. Eigentlich ist es erstaunlich, daß man nicht schon viel früher dem Ganzen Einhalt gebot. Der Grund dafür, daß nun Schritte unternommen wurden, war der, daß der neue *Attorney* der Behörde zwei Jahre zuvor noch Rechtsberater der Wilhelm Reich Foundation gewesen war. Wie kein anderer wußte er, was dort passierte, und ich nehme an, er wurde nur deshalb *Attorney*, weil er sich verpflichtete, zuallererst das Orgononnest auszuräuchern.

Der erste Prozeß fand 1954 statt. In diesem Jahr starb auch Reichs engster Mitarbeiter, ein gewisser Dr. Wolfe; außerdem verließ ihn seine Frau und nahm ihren gemeinsamen Sohn mit. Sie schreibt, sie sei daraufhin für Reich die Repräsentantin der Außenwelt geworden; täglich beschimpfte er sie als »Mörderin«, und für den Fall, daß sie zu den roten Faschisten überlaufen sollte, ließ er sie ausführliche Geständnisse unterschreiben, in denen sie bestätigte, daß seine Arbeit ihr angst mache und sie ihren Mann manchmal hasse; auch eine Liste, auf der alles notiert war, was sie irgendwann einmal von ihm bekommen hatte, inklusive der Weihnachtsgeschenke, mußte sie unterschreiben. Es wurde stiller auf Orgonon. Während der juristische Reich-Verwüster sich mit ständigen Verhören, Berufungen, Entscheidungen, Bittschriften, Ablehnungen, *injunctions, decrees, motions, dismissals, subpoenas* und *criminal contempt actions* langsam näherte, fing Reich an, sein Grab zu planen. Bei einer befreundeten Bildhauerin gab er eine Skulptur in Auftrag, und an der Stelle, wo sein Mausoleum stehen sollte, steckte er seinen letzten Markierungspfahl in die Erde.

1955 hatte er eine neue Freundin, Aurora, die so alt war wie seine Tochter Eva aus erster Ehe, die übrigens auch in seiner Nähe lebte und ihm half. Hin und wieder reiste er mit Aurora nach Washington, um dort – unter Pseudonym – in der Nähe des Präsidenten zu sein, der ja schließlich persönlich dafür sorgte, daß die Luftwaffe ihn beschützte, und der mit den rotfaschistischen Machenschaften der FFDA nicht einverstanden war, dies aber nicht öffentlich sagen konnte. Vielleicht war es auch eher die Gestalt von *Mamie* Eisenhower, die ihm vor Augen stand. Zu seinem Verdruß hatte Aurora die Angewohnheit, manchmal für ein paar Tage und Nächte zu verschwinden.

An vier Maitagen des Jahres 1956 fand der letzte Prozeß statt. Wie weit sein Verfall inzwischen fortgeschritten war, kann man daran erkennen, daß das Wort »ich« nicht mehr über seine Lippen kam. Das Ich war nun fast vollständig pulverisiert und ersetzt worden durch »Der Entdecker der primordialen, prä-atomaren, kosmischen Orgon-Energie« oder einer anderen Bezeichnung dieser Art. Auch daß er sich auf die nationale Sicherheit berief, die es ihm nicht erlaube, alle seine Erkenntnisse auf den Tisch zu legen, konnte ihn nicht mehr retten. Ich war zwar nicht dabei, aber ich sehe Reich doch dasitzen, als ob ich anwesend bin: *Judge* Sweeney, und ihm gegenüber die ebenso riesige wie hilflose Gestalt aus der Bukowina. Daneben die *jury*: eine Gruppe von gepanzerten und orgastisch impotenten Kleinbürgern aus der Umgebung – mit Ausnahme vielleicht des einen Negers (dies muß hinzugefügt werden, weil sonst Norman Mailer böse wird).

Schuldig.

Die Wilhelm Reich Foundation wird zu einem Bußgeld von 10000 Dollar verurteilt, außerdem müssen alle Orgon-Akkumulatoren sowie alle Schriften darüber vernichtet werden. Reich selber muß für zwei Jahre ins Gefängnis.

Die kühlen Seen des Todes

Nach 45 Jahren war es soweit. Nachdem er von Freud und Stalin geschaßt, von Hitler vertrieben und verboten worden war, gingen nun in den Vereinigten Staaten alle Schriften, in denen er gepetzt hatte, in Flammen auf: Nicht nur jedes noch vorrätige Exemplar des »Orgone Energy Bulletin«, des »Orgone Energy Emergency Bulletin«, der »Annals of the Orgone Institute«, von *The Oranur Experiment*, *Ether, God, and Devil*, *The Murder of Christ* und von *Cosmic Superimposition* wurde vernichtet, sondern vorsichtshalber auch gleich die restlichen Vorräte von *The Sexual Revolution*, *Character Analysis* und von *The Mass Psychology of Fascism*.

Der Supreme Court wies Reichs Berufung ebenso ab, wie es auch seinem Hinweis, daß er im bevorstehenden Kampf gegen die Invasion von *outer space* eine wichtige Rolle spielen werde, keinerlei Bedeutung beimaß. Auch auf sein Angebot, seine Wolkenspalter zu Weltraumkanonen auszubauen, ging das Gericht nicht ein. Am 12. März 1957 schlossen sich hinter Reich die Türen des Staatsgefängnisses in Danbury, Connecticut.

Als während der psychiatrischen Untersuchung dort das Geräusch eines Flugzeuges zu hören war, wies Reich zur Decke und sagte: »Ich werde immer noch beschützt.« Diagnose: Paranoia. Zehn Tage später wurde er in das Gefängnis in Lewisburg, Pennsylvania, verlegt, das speziell für Nervenkranke eingerichtet worden war. Kurz darauf feierte Reich seinen 60. Geburtstag. Er arbeitete in der Bibliothek, und schon bald tauchte in ihm der Gedanke auf, man habe ihn zu seiner eigenen Sicherheit eingesperrt – ein Vorgehen, das in den Vereinigten Staaten recht unbekannt ist, das aber unter Hitler als *Schutzhaft* bekannt war.

Schon in *The Murder of Christ* hatte er den Apostel Paulus gelobt, *»dem man nicht den Vorwurf machen dürfe, er habe das schärfste System der sexuellen Unterdrückung, das die Menschheit je gekannt hat, eingeführt. Er* mußte *dies tun, um die christliche Kirche aufbauen zu können*. Er war gezwungen, starke Dämme gegen den pornographischen, schmutzigen, kranken Geist, der die Menschen in sexuellen Dingen beherrscht, zu bauen, selbst wenn der Preis dafür die Ermordung des wahren Christus war.« Genauso wie das Auftauchen von MODJU, DOR und sein Herzinfarkt war auch dies ein Aspekt seiner Verwandlung in den tödlichen Vater: der Dolch im Herzen all dessen, was ihn am Leben erhalten hatte. Seinem Sohn schrieb er nun aus dem Gefängnis, daß er, wenn er Schwierigkeiten habe, beten solle. Auch Reich selber schrieb im Gefängnis Gebete mit Titeln wie *Auferstehung*, *Das Ewige Leben*, *Unzerstörbar*.

Es war vorbei. Am 3. November 1957 starb Reich an Herzversagen.

Auch dieser Zeitpunkt hat eine Ursache, die man exakt benennen kann. Am 4. Oktober war der erste (sowjetische) Sputnik in den Weltraum gestartet. Die patriarchalische Macht von MODJU kreiste damit noch über den Flugzeugen von Mamie Eisenhower, die ihn beschützen sollten – ja, der rote Faschismus hatte damit nun auch den *outer space* erreicht: den Orgon-Ozean seiner Mutter. Giordano Bruno, der Hauslehrer, vereinigte sich mit Väterchen Stalin. Der Kampf war endgültig verloren. In seinem letzten Brief an seinen Sohn Peter, der nun genauso alt war wie er, als er in Juzynetz durchs Schlüsselloch sah, äußerte er sich am 22. Oktober noch sehr herablassend über den Sputnik:

»*Der Sputnik ist ein nettes Spielzeug, das nun wie ein Ball, den man in die Wellen des Ozeans geworfen hat, hilflos herumtreibt. Nie wird daraus ein aktives, steuerbares Gerät werden, wie EA (mit Orgon-Energie betriebenes Raumschiff) eines ist.*«

Zwei Wochen später aber war Reich tot. Der Kampf war zu Ende. Sieger: der Vater.

Ödipus ohne Teiresias

Es wird niemandem entgangen sein, daß meine Interpretation von Reichs Werk, seinem Leben und Sterben gewisse Ähnlichkeit mit der Methode hat, die Reich anwandte, um die psychologische, biologische und physische Existenz der Libido zu beweisen: Alles, was irgendwie brauchbar war, wurde benutzt. Das ist die notwendige Folge dessen, was ich gerade beweisen wollte: daß nämlich seine Idée fixe aus seiner »Situation fixe« heraus entstanden ist. Der Unterschied ist, daß Reich aus der unendlichen Anzahl der Dinge und Ereignisse, die es auf dieser Welt gibt, wählen konnte, während ich mich einerseits auf die Wahl beschränken mußte, die er schon gemacht hatte (sein Werk, sein Leben und Sterben also), andererseits durch die äußerst geringe Anzahl der Elemente in seiner Ur-Szene eingeschränkt war. Im Beginn waren das nur der Orgasmus seiner Mutter, den er gesehen hatte, das Verraten dieser Beobachtung an seinen Vater und der Selbstmord seiner Eltern. Nach dem Schock im Jahre 1934, von nun an nicht mehr behindert durch die Wirklichkeit, begannen auch die anderen Elemente der Ur-Szene ihr Recht zu fordern. Ich wollte zeigen, daß alles, was Reich je gesagt und geschrieben hat, auf diese maximal acht Elemente zurückgeführt werden kann:

1. *Der kleine Junge*
2. *Das Schlüsselloch*
3. *Der Orgasmus der Mutter*
4. *Der Hauslehrer*
5. *Das Verraten*
6. *Der Selbstmord der Mutter*
7. *Das Verschwinden des Hauslehrers*
8. *Der verzögerte Selbstmord des Vaters im kaltem Wasser.*

Die Einfachheit und Undifferenziertheit von Reichs »gesundem« Werk ließ sich damit ebenso erklären wie das komplizierte Chaos seines »kranken« Werks, wobei der rätselhafte Bruch zwischen diesen beiden Perioden verschwand. Meine Absicht war es, auf diese Weise den eigentlichen, den Meta-Reich entstehen zu lassen – »ungebrochen, ganz«, um es mit Peer Gynt zu sagen. Der Entdecker hatte alles entdeckt, außer dem einzigen, was es für ihn zu entdecken gab. Er hatte alles entdeckt, um dieses eine nicht entdecken zu müssen.

Darum war sein Leben auch ein immer mehr zum Stillstand kommender Stillstand, und hierin unterscheidet es sich von der Biographie Freuds oder Jungs. Jungs Probleme wurden während des Ersten Weltkriegs zu einer Krankheit, die sich in Form von gespenstischen Tumulten äußerte; anschließend konnte er den Rest seines Lebens darauf verwenden, seine Erkenntnisse zu systematisieren. Auch bei Freud traten die Probleme in einer Zeit auf, die man exakt bestimmen kann: die neunziger Jahre des vorigen Jahrhunderts, und das Ganze mündete in der Niederschrift der *Traumdeutung*, die den Beginn der Psychoanalyse markiert. Freud aber machte diesen Prozeß nicht in aller Einsamkeit durch, wie Jung etwa, sondern sein Freund Wilhelm Fliess, zu dem er in einem geheimnisvollen Verhältnis stand, spielte dabei auch eine Rolle: Hier finden wir den Ursprung jedes späteren psychoanalytischen Verhältnisses von Arzt und Patient. Auch Freud und Fliess dachten über den unmöglichsten Unsinn nach. So hatte Fliess eine Theorie entwickelt, nach der alle Neurosen durch eine spezielle Behandlung der Nase geheilt werden konnten. Alle übrigen Rätsel des Universums konnten mit Hilfe der Zahlen 23 und 28 gelöst werden. Auch Freud rümpfte über solche Dinge damals nicht die Nase. Er hat zwar später alle Briefe von Fliess vernichtet, aber seine gibt es noch, und darin findet man auch all die Nebenumstände, die bei solchen Prozessen auftreten – wie zum Beispiel die Tatsache, daß er Fliess am 15. Oktober 1897 von seiner Entdeckung des Ödipuskomplexes berichtet, nicht lange nachdem sein Vater tatsächlich gestorben ist.

Derartige Entwicklungsstadien, im Falle von Freud hat man später ehrfürchtig von der Zeit seiner »Selbstanalyse« gesprochen, findet man nicht nur bei Psychologen. Eine der schönsten Beschreibungen dieses Prozesses, die ich kenne, stammt von Hegel – schön vor allem deswegen, weil das beschriebene Labyrinth auch im Sprachstil deutlich wird –, und ich nehme an, daß jeder Mensch einmal einen solchen Zustand durchlebt. In einem tröstenden Brief an einen solchen Verzweifelten berichtet Hegel über:

»– *dieses Hinabsteigen in dunkle Regionen, wo sich nichts fest, bestimmt und sicher zeigt, allenthalben Lichtglänze blitzen, aber neben Abgründen, durch ihre Helle viel mehr, getrübt, verführt durch die Umgebung, falsche Reflexe werfen als erleuchten, – wo jeder Beginn eines Pfades wieder abbricht und ins Unbestimmbare ausläuft, sich verliert und uns selbst aus unserer Bestimmung und Richtung reißt. Ich kenne aus eigner Erfahrung diese Stimmung des Gemüts oder vielmehr der Vernunft, wenn sie sich einmal mit Interesse und ihren Ahndungen in ein Chaos der Erscheinungen hineingemacht hat und wenn sie, des Ziels innerlich gewiß, noch nicht hindurch, noch nicht zur Klarheit und Detaillierung des Ganzen gekommen ist. Ich habe an dieser Hypochondrie ein paar Jahre bis zur Entkräftung gelitten; jeder Mensch hat wohl überhaupt einen solchen Wendungspunkt im Leben, den nächtlichen Punkt der Kontraktion seines Wesens, durch dessen Enge er hindurchgezwängt und zur Sicherheit seiner selbst befestigt und vergewissert wird, zur Sicherheit des gewöhnlichen Alltagslebens, und wenn er sich bereits unfähig gemacht hat, von demselben ausgefüllt zu werden, zur Sicherheit einer inneren edleren Existenz. – Fahren Sie getrost fort; die Wissenschaft, die Sie in dieses Labyrinth des Gemüts geführt hat, ist allein fähig, Sie herauszuleiten und zu heilen.*«

Dies alles ist bei Reich gerade *nicht* passiert. Der Pfropfen, der sich 1911 gebildet hatte, hätte in einem »nächtlichen Punkt der Kontraktion« herausgetrieben werden müssen, wonach er dann seine innere Sicherheit oder die des täglichen Lebens hätte finden können, aber das geschah nicht. Sowohl Freud als auch Jung (und vermutlich auch Hegel) waren um die vierzig Jahre alt, als dies bei ihnen passierte. Bei Reich begann in diesem Alter die endgültige Versteinerung. Was er erlebt hatte, war schlimmer gewesen.

Was ihm an diesem fatalen Tag passierte, erfüllte natürlich auch die seit langem existierenden ödipalen Bedingungen: das unbewußte Verlangen, seinen Vater zu töten und mit seiner Mutter zu schlafen. Nun sah Willy mit seinen eigenen Augen, wie der Hauslehrer mit ihr schlief. Es war tatsächlich möglich, daß jemand anders als sein Vater mit seiner Mutter Geschlechtsverkehr hatte – also identifizierte er sich in diesem Moment mit dem Hauslehrer (gut vierzig Jahre später besiegelte er das durch seine Identifikation mit Giordano Bruno). Weil aber diese Identifikation absolut nicht gestattet war, mußte sie sofort beendet werden: Willy erzählte alles seinem Vater (wodurch er Giovanni Mocenigo wurde). Das hatte aber nicht nur unmittelbar den Tod der Mutter zur Folge, sondern längerfristig auch den seines Vaters – womit sich dann auch die zweite Hälfte seines ödipalen Wunsches erfüllte. Und das war zuviel.

Wenn ich es recht sehe, dann gibt es vier Möglichkeiten:

1. Jemand hat einen Ödipuskomplex und will, unbewußt, seinen Vater töten, um mit seiner Mutter schlafen zu können. Diese Wünsche sind so inakzeptabel, daß er sie verdrängt hat. Die Symptome dieser Verdrängung machen ihm nun das Leben schwer, aber er weiß nicht, wo sie herkommen. Die Psychoanalyse macht es ihm bewußt.

2. Jemand will, bewußt, mit seiner Mutter schlafen, aber sein Vater ist damit nicht einverstanden. Daraufhin schlägt er den lästigen Kerl tot und geht mit seiner Mutter ins Bett.

Die Polizei verhaftet ihn wegen Mordes, aber er hat keinen Ödipuskomplex.

3. Der mythische Ödipus hatte selber auch keinen Ödipuskomplex. Er *wollte* auch nicht seinen Vater töten, um mit seiner Mutter schlafen zu können, nein, genau das wollte er gerade *nicht*. Ihm war vorhergesagt worden, daß er es tun würde, und er tat alles, um dies zu vermeiden. Durch das tragische Aufeinandertreffen verschiedener Ereignisse passierte es doch. Der blinde Seher öffnete ihm die Augen, und um sich selber zu bestrafen, stach Ödipus sich die Augen aus.

4. Reich ist in gewissem Sinne auch eine Kategorie für sich. Genau wie alle anderen Jungen zu seiner Zeit gehörte er zunächst zur ersten Kategorie: er hatte einen ganz normalen Ödipuskomplex. Dadurch, daß er sich mit seinem Hauslehrer identifizierte, in dessen Gestalt er mit seiner Mutter schlief, und anschließend auch noch am Tod seines Vaters schuldig war, landete er in Kategorie 2 – ohne allerdings Kategorie 1 verlassen zu können. Seine Wünsche mußten weiterhin verdrängt bleiben, und darum mußte von diesem Zeitpunkt an auch die wirkliche *Erfüllung* dieser Wünsche verdrängt werden. Hinzu kam dann noch etwas, was er sich nie gewünscht hatte: der Tod seiner Mutter, an dem er schuld war.

Es ist kein Wunder, wenn dies einen Menschen sein ganzes Leben lang beschäftigt. Immer wieder hatte er Probleme mit seinen Augen, aber er stach sie sich nicht aus: Bis zu seinem Tod sah er damit Dinge, die nur in Juzynetz anno 1911 existierten – aber seinen Teiresias, der ihm dies hätte enthüllen können, den hat er nie getroffen.

Das Kind

Ab seinem vierzehnten Lebensjahr – er war mitten in der Pubertät, als sein Vater starb – veränderte Reich sich nicht mehr, oder höchstens in dem Sinn, daß er immer mehr zu dem Menschen wurde, der er im Moment der Katastrophe war. Im Laufe der Zeit wurde er zur Verkörperung des Dramas in seiner ganzen Totalität, indem er über den Hauslehrer mehr und mehr die Position seines Vaters einnahm – bis er schließlich sogar dessen trostlosen Tod in den kühlen Seen starb. Am Ende seines Lebens sagte Reich einmal, daß es eigentlich nur noch eine Frage gebe, auf die er keine Antwort habe: Warum ist die Menschheit aufgeteilt in Männer und Frauen? Dies war aber nicht seine letzte, sondern seine erste Frage.

Vor der Katastrophe war Reich ein ganz normaler Junge, ein normales Kind, ein normales Baby. Und diese Zeit, die nach 1911 keine Rolle mehr spielte, fand ihren Niederschlag erst nach seinem Tod: Reich verfügte in seinem Testament nicht etwa, daß von seinem Vermögen irgendein primordiales, kosmisches Institut errichtet werden sollte, sondern der *Wilhelm Reich Infant Trust Fund*.

Darum habe ich auch die Erwähnung von Reichs Engagement für Kinder bis hier, bis nach seinem Tod, zurückgestellt. Regelmäßig spendete er Tausende von Dollar zur Unterstützung von Kindern in Asien. Als ein Kinderfest in der Nachbarschaft durch einen Regenschauer gestört zu werden drohte, eilte er mit seinen Wolkenknackern hin. Gegen Ende seines Lebens interessierte er sich verstärkt für die Säuglingspflege, und alles was er dazu gesagt hat, klingt nicht verrückt. Daß die Geburt eines Kindes möglichst schmerzfrei sein sollte, davon ist heute jeder überzeugt. Muskuläre Panzerungen konnten dadurch abgebaut werden, daß die Frau bis zum Ende der Schwangerschaft möglichst viele Orgasmen hat, und auch die Geburt selber sollte den Charakter eines Orgasmus bekommen. Nach der Geburt durfte das Kind nicht irgendwo steril aufbewahrt werden, sondern sollte in direktem körperlichem Kontakt zur Mutter bleiben. Reich hoffte, daß mit seinem Nachlaß seine Vorstellung von einer Einrichtung, in der nicht-frustrierte Eltern ihre Kinder frei von allen Neurosen erziehen konnten, realisiert werden würde.

Was daraus geworden ist, weiß ich nicht. Ich habe den Eindruck, daß die Wilhelm Reich Foundation mehr darum bemüht ist, daß man ihn nicht für einen roten Faschisten hält. Wie dem auch sei, mit seinem Testament schloß sich sein Lebenskreis: Nach seinem Tod lebt Reich wieder so, wie er bis zu jenem unglückseligen Tag im Jahre 1911 gelebt hatte. Der Sputnik tauchte in seiner ozeanischen Mutter in Form des väterlichen Spermatozoon auf und zeugte ihn noch einmal.

Das Wasser

Mein Abenteuer mit Wilhelm Reich ist nun vorbei. Manchmal, wenn ich spät am Abend oder tief in der Nacht müde war vom Lesen und Schreiben und ich mich in einen bequemen Sessel setzte, um Reichs Leben zu überdenken, schossen mir die Tränen in die Augen. Mich muß niemand über die zahllosen Parallelen, die es zwischen Reichs und meinem Leben gibt, aufklären – daß es sie gibt, wurde schon anhand des 4. November 1972, dem Tag, von dem an er für mich existierte, deutlich. Ab und zu hatte ich das Gefühl, ich verstünde Reich besser als mich selbst. Auf jeden Fall aber verstehe ich mich, jetzt da ich ihn verstehe, selber besser. Er fiel mir zu.

Und weil ich mich nun doch schon so weit habe gehenlassen, will ich auch nicht verschweigen, ich habe es nämlich soeben nachgesehen, was *ich* eigentlich am 3. November 1957, als Reich im kalten Wasser des Todes seines Vaters starb, getan habe.

Am Abend dieses Tages saß ich in Haarlem im Theater und sah mir eine Inszenierung des Stückes *Das Wasser* an. Es ging um die Flutkatastrophe, die 1953, nachdem die Deiche gebrochen waren, Zeeland verwüstet hatte. Ich begleitete den Autor des Stückes, Ed Hoornik, von dessen Tod ich schon berichtet habe. Die Aufführung an diesem Abend erregte – alle Zeitungen berichteten darüber – großes Aufsehen, weil die Schauspieler herumalberten und unruhig waren und durch Lärmen hinter den Kulissen die Vorstellung störten.

Ich behaupte nicht, daß Reich sie mit seinem Tod transkontinental aufstachelte. Ich sage nur, daß es am gleichen Abend geschah.

Einpolderung

Bleibt am Ende die Frage, wie die schwarze Schlammflut des Okkultismus denn nun aufgehalten werden soll.

Mit Leidenschaft äußerte Freud gegenüber Jung die Meinung, dies könne nur dann gelingen, wenn aus dem Primat der Sexualität ein Dogma gemacht würde: ein uneinnehmbares Bollwerk. Freud selber hielt sich nicht an diese Forderung – das tat Reich in seinem Namen. Die Folge war, daß für ihn die Sexualität *selber* zur schwarzen

Schlammflut des Okkultismus wurde, und zwar in einem solchen Ausmaß, daß Reich am Ende sogar Paulus zu Hilfe rufen mußte, um sie wieder »einzudämmen«. Damit war er wieder an dem Punkt angekommen, wo Freud angefangen hatte.

Auch die Sexualität war also nicht das richtige Bollwerk. Für Jung wiederum war Freuds Bemerkung der Grund, mit ihm zu brechen und einen eigenen Weg einzuschlagen. Er baute nicht nur kein Bollwerk gegen die Schlammflut, sondern er sprang sogar mit Todesverachtung mitten hinein. Er überlebte, aber er trieb mit der Flut bis an den Rand des Faschismus, wie wir am Beispiel des unschönen Zitats aus dem Jahr 1933 gesehen haben. 1936 jedoch, als man vieles schon deutlicher erkennen konnte, redete er ganz anders – und das heißt: um einiges früher als die meisten. In dem Jahr veröffentlichte Jung in der »Neuen Schweizer Rundschau« den Artikel *Wotan.* Jung war der Meinung, daß sich mit dem Siegeszug der Nazis die Wiedererwekkung dieses schon längst pensionierten germanischen Gottes vollzog. Er hatte nur gut tausend Jahre in der Höhle im Kyffhäuser geschlafen: »*wie eine latente Epilepsie.*« Wotan, »der Wanderer« – vom Christentum als Ahasver, der ewig wandernde Jude, verketzert –, er war erwacht und machte aus den Deutschen marschierende, antisemitische Truppen. Er repräsentierte den gleichen Archetypus, den Nietzsche, beeinflußt von Wagner, »Dionysos« genannt hatte. »*Wenn man Hitler nicht geradezu deifizieren will, was ihm zwar auch schon passiert ist, so bleibt nur noch Wotan übrig, der ein Ergreifer der Männer ist.*«

Wie dem auch immer sein mag, es fällt gleich auf, daß Jung sich hier *in* die Mythologie der Nazis hineinbegibt. Er ist nicht der Intellektuelle, der angesichts des barbarisch-germanischen Gefasels hochmütig die Schultern zuckt, sondern er beschäftigt sich damit und sagt: Gut, Wotan also – wer ist Wotan? Auf diese Weise baut er weder »Damm« noch »Bollwerk«, sondern er unternimmt den Versuch, die Schlammflut *einzupoldern*. Er versucht, sie trockenzulegen. Dämme und Bollwerke haben die Aufgabe, uns von der Gefahr abzuschirmen, und wo das endet, wissen wir seit Reich: Die Dämme und Bollwerke werden selber zur Gefahr, gegen die dann wieder neue Dämme und Bollwerke gebaut werden müssen *et cetera ad infinitum et nauseam*. Freud – so Jung – konnte dadurch, daß er von der Sexualität ausging, nur einen Archetypus entdekken (Ödipus); seine eigenen Möglichkeiten waren viel größer: er entdeckte Dutzende, unter anderem auch Wotan. Dagegen kann man einwenden, daß Freud seinen archetypischen Ödipus nicht nur »entdeckte«, sondern auch eine Technik entwickelte, um ihn zu beherrschen. Bei seinem faschistischen Wotan ist Jung dies nicht gelungen. Das ändert aber nichts daran, daß seine *Methode* die richtige ist. Letztendlich war es auch die Methode von Freud. Auch Freud konnte zu seinen Ergebnissen nur kommen, indem er Hand in Hand mit Fliess in die ödipale Schlammflut sprang; auch die Psychoanalyse ist nicht in sicherer, intellektueller Distanz zur Gefahr entstanden. Jeder Patient muß diesen Sprung wiederholen. Warum sollte diese fruchtbare Methode auf das Individuelle und Ödipal-Sexuelle beschränkt bleiben?

Es gibt keine andere Möglichkeit: man muß mit der schwarzen Schlammflut des Okkultismus *Kontakt* aufnehmen. Wenn man dies auf die eine oder andere Weise macht, dann handelt man sich dadurch natürlich sofort den Vorwurf ein, selber ein Teil des Schlammes zu sein. Die Erinnerung an Freud, Jung, Hegel und die vielen anderen schwächt diesen Vorwurf ab. Irgendwann einmal, wenn die, die immer nur Vorwürfe machen, schon längst im Schlamm erstickt sind, dann wird man vielleicht das trokkengelegte Land sehen: bedeckt mit ihren prächtig mumifizierten Moorleichen.

3 Epilog über Fort Douaumont

Lieber unter den Ruinen des Forts begraben werden als kapitulieren

stand mit großen Buchstaben am Haupteingang von Fort Douaumont – dem am weitesten vorgeschobenen Bollwerk des Verteidigungsgürtels rund um Verdun. 1916 war das die größte und stärkste Festung der Welt. Der unterirdische Hauptgang war das Zentrum eines Labyrinths, das sich über zwei unterirdisch gelegene Etagen erstreckte: Gänge, Treppen, Baracken, Magazine, Bunker, Maschinengewehrnester, ausfahrbare Geschütztürme. Von oben wurde das Fort durch eine 2,5 Meter dicke Betondecke geschützt, die selber noch einen Meter tief unter der Erde lag. 1915 bekam das Fort einmal an einem Tag 62 Volltreffer von der Dicken Bertha, Explosionsgranaten mit einem Kaliber von 42 Zentimetern; bei jedem Treffer dröhnte das Fort wie eine riesige Pauke, aber eine Wirkung zeigte sich nicht: Douaumont war uneinnehmbar. Das stand fest. In diesem Stadium des Krieges hingen alle Hoffnungen der Franzosen an dieser Festung. Auf dieses Fort stützte sich die Ehre der ganzen französischen Nation.

Obwohl der deutsche Generalstab nicht wußte, daß ein Bombardement der Festung nichts anhaben konnte, ging man beim Angriff am 25. Januar 1916 doch vorsichtig zu Werke. Die deutschen Schützengräben befanden sich in einem Abstand von zwei Kilometern zum Fort. Zunächst wurde das Niemandsland mit einem lange andauernden Trommelfeuer umgepflügt. Gleich danach kletterte die Infanterie aus den Laufgräben; der Angriff mußte jedoch 700 Meter vor dem Fort wieder zum Stillstand kommen, denn nun fing die Artillerie an, das Fort selbst zu beschießen. Danach wollte man sehen, was getan werden konnte.

Nach dem Ende des ersten Trommelfeuers stürmte Unteroffizier Kunze mit seiner Abteilung, die aus zehn Zügen bestand, vorwärts, um die letzten Reste menschlichen Lebens, die den angreifenden Truppen noch Schwierigkeiten bereiten konnten, auszurotten. Wie jedesmal war die Landschaft auch jetzt als endloser Brei aus Schlamm, Blut und Menschenfleisch neu erschaffen worden. Unterwegs verband Kunze einen verwundeten Franzosen und ließ ihn zurück, damit er gefangengenommen werden konnte; aber er hatte sich kaum umgedreht, da schickte der Franzose ihm eine Kugel hinterher. Wütend ging Kunze zurück und tötete ihn. Nach einer Reihe von anderen Abenteuern dieser Art sah er plötzlich durch Morgennebel und Pulverdampf in einiger Entfernung die flache Silhouette von Fort Douaumont. In diesem Moment muß etwas Merkwürdiges mit dem Unteroffizier geschehen sein.

Fasziniert betrachtete er die riesige Schildkröte. Seinen Auftrag hatte er ausgeführt, aber er gab seinen Männern ein Zeichen und kroch weiter. Niemand schien sie zu bemerken. Die Kanone in der Geschützkuppel beschoß über sie hinweg die deutschen Stellungen, in den Maschinengewehrnestern rührte sich nichts. Sie krochen durch ein Loch im Stacheldrahtverhau und erreichten den Fuß der Festung. Die zehn Männer seines Zuges wollten nun zurück, aber das war unmöglich geworden, denn inzwischen hatte das Trommelfeuer auf das Fort selber eingesetzt. Nur dort, wo sie saßen, gab es noch ein wenig Schutz. Vor den Granaten Deckung suchend, die überall um sie herum einschlugen, krochen sie weiter. Kunze blickte nach oben und entdeckte eine ausgefahrene Kanone, die nicht feuerte. Er befahl einem seiner Männer, sich auf die Schultern von zwei Kameraden zu stellen, was erst nach mehreren Versuchen gelang. Über diese Räuberleiter kletterte Kunze nach oben, schob das Kanonenrohr beiseite und sprang nach drinnen. Der Unteroffizier war verrückt geworden! Acht seiner Soldaten flüchteten und liefen in das Trommelfeuer der eigenen Truppen.

Aber Kunze war nur insofern verrückt, als er keine Angst hatte. Er war 24 Jahre alt, und unter dem ohrenbetäubenden Lärm der Granaten zog er seine zwei übriggebliebenen Kameraden zu sich hoch. Zu dritt liefen sie durch die verlassenen Gänge. Sie waren im Inneren der Pauke, und miteinander zu sprechen war unmöglich. Kunze ließ die beiden nacheinander zurück, um Kreuzungen zu bewachen. Allein ging er weiter. Er war auf der Suche nach der feuernden Kanone, die noch immer Tod und Verderben zwischen die deutsche Infanterie säte, aber es war schwierig, ihre Geräusche von den Explosionen auf dem Dach zu unterscheiden. Als er die Quelle der Geräusche gefunden hatte, öffnete er die Stahltür, vier erstaunte Gesichter drehten sich zu ihm um, und Kunze nahm sie gefangen.

Mit erhobenen Händen liefen sie nun durch ihre eigene Festung vor ihm her. Aber Kunze verirrte sich in dem Labyrinth. Er konnte seine Kameraden nicht mehr finden, und plötzlich stand er mit seinen Gefangenen draußen, mitten im Trommelfeuer. Die Gefangenen suchten ihr Heil in der Flucht, Kunze hinterher, sie liefen ins Fort und verschwanden. Auch Kunze war nun wieder im Fort und sah sich verwirrt um. Er öffnete eine Tür, hinter der sich die Männer vielleicht verborgen hatten, und kam in einen Raum, wo 20 Soldaten ihn ansahen. Kunze nahm sie sofort gefangen. Im selben Augenblick jedoch explodierte über dem Raum eine Granate, und das Licht ging aus. Schnell machte Kunze einen Schritt nach hinten, schloß die Tür und schob den Riegel vor.

Er ging weiter. Kurze Zeit später begegnete er wieder einem Soldaten, nahm ihn gefangen und verlangte, sofort zu den Offiziersquartieren gebracht zu werden. Aber da war niemand. Allerdings stand Wein auf dem Tisch, Käse, Eier, Obst. Châteauneuf du Pape. Camembert. Die Pistole im Anschlag, befahl er seinem Gefangenen, sich mit dem Gesicht zur Wand zu stellen, setzte sich hin und fing an zu essen.

Es lebe Kunze!

Insgesamt befanden sich in dem Fort 65 Mann. Eigentlich hätten es 500 sein müssen, aber der französische Generalstab war der Meinung, daß der deutsche Generalstab bestimmt einsehen würde, daß das Fort uneinnehmbar war. Schließlich waren das Fachleute. Und so war es auch. Nur Kunze wußte das nicht. Während ich dies schreibe, lebt er noch immer und feierte vor einiger Zeit seinen achtzigsten Geburtstag.

In ganz Deutschland läuteten die Glocken, als die Nachricht von der Eroberung kam, und es gab einen Tag schulfrei – zwei Monate später erst flog Douaumont in die Luft, als ein bayerischer Soldat versuchte, auf einem Feuer Kaffee zu kochen, das er mit dem Inhalt einer Handgranate gemacht hatte. Dadurch wurde das Fort selber zur Granate: 650 Soldaten starben an Lungenriß und mußten unter den Ruinen begraben werden – und wer heute bei Verdun über die Reste des Bollwerks klettert und seinen Blick über die schlammige, umgepflügte Landschaft schweifen läßt, wo auf dem Tod von 597323 Menschen nichts wachsen will, der weiß, daß ihre Skelette noch immer unter seinen Füßen liegen.

Amsterdam 1973

Inhalt